咪豆栗的日常茶飯事

療癒食光

萃取笑與淚中的美味，
以文字烹煮一段療癒食光。

作者——咪豆栗

一位溫暖的精神科醫師，
一位努力前進的溫柔媽咪，
一位勇於堅持自我的女人；
不一樣的角色、不一樣的態度，
不變的是熱愛料理的初心。

我身邊，有許多是飢餓地啃食著村上春樹文字，填飽靈魂空虛，才得以長大的人。我不曉得他們每個人確切的空虛是什麼，但可以確定的是，那些文字，像手心裡溫熱的飯糰，或某種能夠放入綠野仙蹤錫人空蕩蕩的心中，幽暗卻微微發光，輕柔卻有著安定重量的東西吧！

三位不同的摯友，不同的性格與說話方式，喜愛村上筆下不同的角色，卻都在青春期，囫圇地吞食了這些文字。其中一位，便是Midori。

Midori，綠，無庸置疑地，是來自《挪威的森林》裡的綠。

為了序，我將書架上《挪威的森林》拿下重讀，因這是Midori的第一本書，而出書這件事，已超越了書本身的存在，在Midori的生命上深深地畫下一道刻痕。自生命之初，到綠進入Midori的生命裡，先畫下一道刻痕，然後生命種種，一道一道地接續畫下。

記憶裡，這僅是我第二次完整地閱讀它。第一次是國中同學所借我的白色書封版，之後我買了紅綠上下冊的版本收藏，過了十餘年，我才再度將它從記憶裡拾起。「……想著自己往日的人生過程中所喪失的許多東西。失去的時間，死去或離去的人，已經無法復回的情感。」第一頁的文字：關於時間、逝去，與記憶。記憶像是某種曾經結凍的時間，但終究會融化，流至看不見的盡頭，某日，成為雨，再度落入腦裡。

第二次的重讀，某些記憶的片段還在，但大部分的感受卻是全然不同的。記憶裡的記憶，某種味覺般的記憶。巧合地，Midori的文稿，開頭寫的也是記憶。是啊！這是關於烹食與療傷的書，而無論是味道或傷，都是存活在記憶裡頭的，而烹煮與療癒，則是時光之火，慢慢燉煮的過程。

重讀之後，才發現綠的篇幅雖然少於直子，但許多廣為流傳的字句，卻都關於綠。

「全世界叢林裡的老虎全都融解成奶油那麼喜歡。」

「像喜歡春天的熊一樣。」

而我曾跟Midori爭論過，關於任性，完全的任性，將「草莓蛋糕」往窗外毫不猶豫扔棄那樣的任性。我認為那是過分的，而Midori彷彿可以全然理解般地，願意為她辯護，並毫無畏懼地包容著。現在，或許我稍稍可以明白那任性背後的不安與渴求，明白那看似撒野的溫柔與脆弱。綠對草莓蛋糕是珍惜的，而窗，是難以穿透的。只是現在我很好奇，已經善於製作草莓蛋糕的Midori，捨得將自己精心製作的蛋糕，毫不留情地砸碎嗎？

時間與記憶，生命被畫下了刻度，也孕育了難以割捨的東西，那還能輕易地鬆手，沒有失去什麼地丟棄嗎？尤其是從女兒成為母親後，擁有更多，就更害怕失去。

Midori從記憶下筆，從母親寫至另一個母親，從一座廚房寫至另一座廚房，而一道道食譜，是記憶化成的菜餚，被享用，然後記憶。這時我才體悟，烹飪，是多麼倚靠記憶的啊！每一道菜餚創造之後，就是等待被毀滅的，之後只留存在記憶裡，再敏銳的味蕾，也只是彷彿路過一場崩解的演出，融化釋放，然後，徹底地消失。如果不能徹底毀滅，那麼，那些酸甜苦辣的花火，就不可能綻放，然後被味蕾摘下，埋葬於記憶裡。

Midori恰巧善於記憶，記憶在她腦中，彷若永生。生命的片段、小說的字句、頃刻的情感、還有反覆反覆，從記憶裡挖掘出來，然後再埋葬的菜餚。或許正是如此，Midori才能同時善於烹飪。只是，一道道食譜，即便她試著以文字記錄，那記憶裡頭，還是有太多太多的情感與思緒，是難以用文字完整盛接，然後擺上桌面的吧！

那麼，就烹飪文字吧！

精神專科醫師

郭彥麟

作者序

對熱愛讀書，且執拗地摒棄電子書，只獨衷紙本書頁的我來說，自己的文字能列印成書冊，實在是一件驚喜又奇妙的事。

這是本食譜書，但又貪心地希望它不只是一本食譜書。食譜不算多，都是我家餐桌上的家常菜。文字卻很多，關於記憶、情感，和些許牢騷碎唸。於是我用食物承載串連，希望傳遞給閱讀的你們，和烹煮的你們。如果也能為你們帶來一些陪伴和勇氣，那更是太美好了！

這一趟奇妙旅程，要謝謝一直是我堅強後盾的家人，老公，和我親愛的小子（雖然他經常是拖累進度的罪魁禍首）。也謝謝郭，是你的鼓勵（鞭策？），讓我發現自己有更多的可能性。還有謝謝四塊玉文創的大家，你們陪伴著生澀的我，緩慢地耕耘出一片收穫。

旅程才剛開始，它還會帶我到什麼地方呢？

Midori

目次

CHAPTER 2

用料理為大女孩們加油打氣

目次

CHAPTER 3

Chapter 1

獻給心中那位女孩的美味

在成長路上，我們不停向前，
急促的步調下，身旁事物也隨之更換。
老家的廚房、阿祖的背影；
城市的喧擾、母親的呼喚，
唯有記憶中的美味，是永遠不變的陪伴。

奶油焗白菜

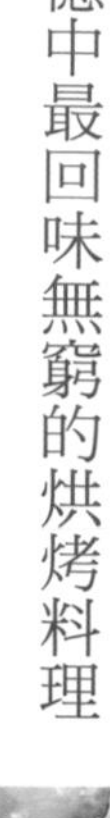

記憶中最回味無窮的烘烤料理

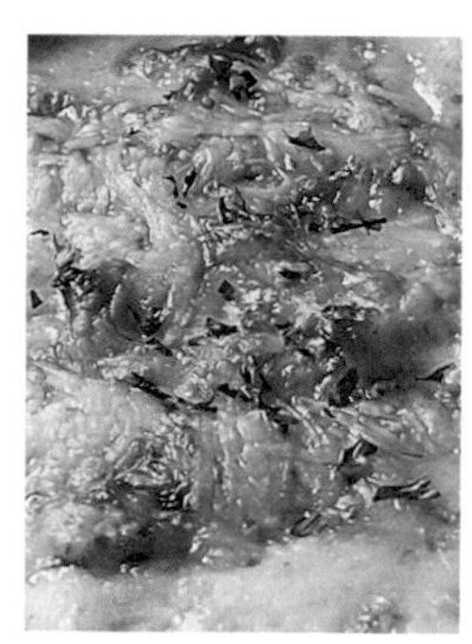

邊緣烤到有點焦化的部分，焦脆、鹹香、甜膩兼有，是我的最愛！在我記憶裡，奶油的甜香是跟書局裡那嶄新圖畫紙的味道相互混合且化不開的……

小時候，我的老家經營一間書局，書局位在兩條大馬路交叉的丁字路口，外觀貼著深綠色磁磚，是一間三層樓高的透天三角窗店面。一樓是書局賣場，二、三樓是我們一家五口和阿祖的居住空間。說是書局，其實是當時小鎮上隨處可見，開在熱鬧大街或學校周邊，以賣文具、禮卡、參考書為主的小店。書籍只是兼著賣，不是主要商品，而且也以實用性、工具性的書為主。《挪威的森林》裡，小林綠他家的書局，成綑的雜誌報紙、唰啦唰啦發出巨大聲響的鐵捲門，都讓我很有既視感。不過小林書局還有賣赫曼．赫塞的文庫本呢，我家書局的文學性相對稀薄許多。

書局既是我們的生活空間，也是我們的遊戲空間。我們三姊弟經常繞著展示層架間的走道穿梭尋寶，偶爾我們也會趁著大人心情好，央求著給我們一張亮晶晶的公主小卡。店的右邊牆面上，釘著木製展示架，數量不多的書籍就擺放在這個位置。書架後方是通往二樓的樓梯，我經常坐在磨石子階梯上，隨意翻閱著書架上的書籍，《西遊記》、《白雪公主》、三毛等等，我對讀書的興趣，就是從這文學性稀薄的書架裡逐漸萌生出來的吧。

初遇傾心料理

書局的主要經營管理者是我阿母，爸爸是公務員，出門以後，一直到晚餐時間才會再回家。於是書局和我們三個吵鬧的小孩，就都歸阿母看管，年邁的阿祖則會適時幫忙。當時的廚房是位在店面後方，用鐵皮搭蓋起來的小空間，也許只有一坪吧？裡面卻堆滿了廚櫃、冰箱、水槽、瓦斯爐。在這樣狹小燠熱的空間內，急促緊張的步調下，我阿母還是端出了一道又一道至今都還讓我回味再三的美味料理，實在太佩服她！台菜以煎、炒、炸、燉為主，當時還不流行烤箱料理，不過我阿母很前衛，在我幼稚園的時候就搬回一台圓形旋風烤爐，也用它做了很多新的料理：烤雞腿、烤餅乾、烤磅蛋糕等等，不過在這些烘烤料理中，讓我最難忘，也一直要求她一做再做的就是「奶油焗白菜」。

我經常會想起，當我阿母說：「今天要煮奶油白菜哦」，我的心情就開始雀躍期待了起來。它不難做，但就是花時間；炒香配料以後，要先把白菜煮軟，然後用白醬收汁勾芡，接著再進烤爐烘烤半小時。我阿母總是習慣用一個玻璃的深烤盤盛裝，當端上桌的時候，還看得到湯汁在盤子裡沸騰、咕嚕咕嚕地冒泡泡。邊緣烤到有點焦化的部分，焦脆、鹹香、甜膩兼有，是我的最愛！在我記憶裡，奶油的甜香是跟書局裡那嶄新圖畫紙的味道相互混合且化不開的。

重現難忘滋味

後來，在我升小三的那個暑假，我阿母生了一場大病。從急診轉加護病房，再轉普通病房，在醫院住了一個多月才回到家。那一個多月，書局的鐵捲門都沒有開啟，只有深夜會聽到爸爸從醫院返家，拉開一小扇鐵門的聲音——喀啦喀啦，沉重且疲倦，不若以往清晨開店時的俐落颯爽。阿母回家時，人變得削瘦蠟黃，那是我第一次聽到「猛爆性肝炎」這個病名。許多年後，我在內科學讀到猛爆性肝炎的章節時，想起那個差點失去媽媽的暑假，和那不祥的蠟黃色，心跳還是不由得急促了起來。

書局的鐵門從此沒有再拉上去。阿母從醫院回來的一年後，大人賣掉了三層樓高的店面，搬到乾淨潔白又明亮，鋪著大理石磁磚地板的新家。我阿母休養了一年，恢復白皙健康，開心地重啟在廚房忙碌的生活。新家廚房寬敞明亮，烤爐也有了它的專屬小空間。我最愛的焗白菜，又重新頻繁地出現在我家餐桌上。

在舊家的記憶雖然只有短短三、四年，不過我還是經常會想起，那一片暗紅、墨綠、藕白夾雜的磨石子地板。我坐在階梯上，縮著身體躲在書架後方，捧著一本書熱切啃讀著，那個專屬於我的安靜小空間。

咪豆粟醫師悄悄話

在照顧生病家人的同時，別忘了也要照顧自己。好好地睡覺，好好地吃三餐，也要抽些時間留給自己，別讓自己一直處在緊繃的狀態。照顧是條漫漫長路，如果我們無法適時放鬆自己、調整自己，要怎麼陪伴家人度過這段難熬的時間呢？

②用少許油熱鍋後，將①干貝撕開成絲，入油鍋爆香。

③放入菜梗部分，稍微拌炒至軟化，再放入菜葉的部分。

④加入約 30 毫升的開水，蓋鍋悶煮約 30 分鐘至白菜熟軟。

因白菜煮過也會出水，加水只是為了防止白菜在出水前黏鍋，所以量不需太多，避免最後湯汁過多、口感不佳。

⑤悶煮白菜時，將烤箱開始預熱至 200 度。

⑥待白菜軟化後，若出水過多，可以打開鍋蓋，用中大火將水分燒乾一點，再加入白醬攪拌均勻至整體呈濃稠狀，並以鹽調味。

⑦將白菜放入烤盤，鋪上焗烤乳酪絲，放入烤箱烘烤 25 分鐘即完成。

材料

A 白醬

無鹽奶油 50 克、低筋麵粉 50 克、牛奶 450 毫升、鮮奶油 50 毫升（與牛奶混合均勻）、鹽與黑胡椒適量（可省略）、帕瑪森乳酪 20 克

B 焗白菜

大白菜 1 顆、乾燥干貝 2 顆、開水 30 毫升、奶油白醬 250 克、鹽適量、焗烤乳酪絲適量（此採用馬茲瑞拉細絲）

作法

製作白醬：

①熱鍋融化奶油後，放入麵粉一同拌炒至均勻無粉末狀。

②分次慢慢加入牛奶 + 鮮奶油，每一次都攪拌均勻至柔滑狀，直至牛奶用完。

③以鹽、黑胡椒調味（可省略），並刨入新鮮帕瑪森乳酪即完成。

這個份量的白醬可做約 2 ～ 3 次焗白菜。

焗烤白菜：

①大白菜的菜葉部分撕成大塊，菜梗切成 1 公分左右粗絲，並將菜葉、菜梗分開放。干貝用清水泡開。

砂鍋白菜獅子頭

寒夜裡溫暖撫慰的砂鍋料理

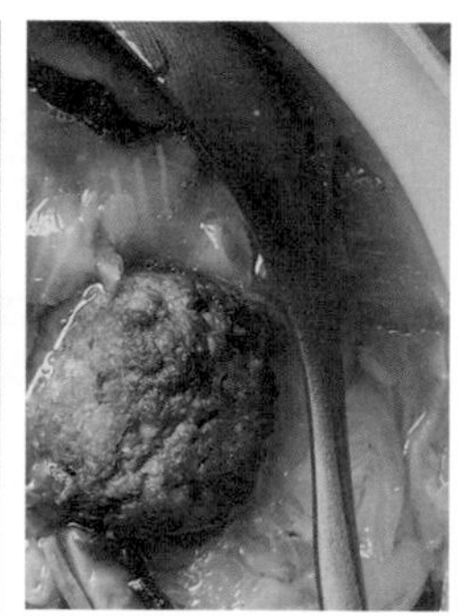

即使親密如家人，也需要不斷地灌溉滋養，才能讓愛繼續攀根生長，而不致乾枯。愛，從來就不是一件容易的事……

我的原生家庭，和大部分的台灣家庭一樣，父母親對子女的愛，經常是以關心生活大小事來表達。我阿母不太開口說愛，很少展現她的情緒，跟我們也不常有肢體上的親密互動，這對她來說太彆扭。但她會把家裡整理得乾淨清潔，把我們的三餐準備得豐盛營養，時刻關注叨唸我們的作息和身體狀況。我即將步入中年，自己又是學醫學的，但她始終認為我不夠照顧自己的身體，對我阿母來說，這些就是愛。

不過在我處於情感高度需求又混亂的青春叛逆期，這樣的愛卻讓她碰了壁。

我是一個很需要講話，也很需要被理解的人。看了書、看了電影、跟朋友起了爭執誤會，有什麼情緒、想法、感受，都會很想找人分享。那時候的我，即使清楚知道她擔心我，卻感受不到被理解，我的話語無處可去，她對我的關心也得不到回應，甚至造成了更大的反彈。於是我們不停地衝突碰撞，我埋怨她不了解我，她為我的暴躁、不體貼而傷心，戰場上兩個人都傷痕累累。

以愛灌溉滋養

大學離家唸書以後，母女的戰場稍微停息，但我內心的戰場繼續烽火無歇。經過這幾年獨自跟自己、跟生活拚鬥後，我慢慢理解了一件事。即便是原生家庭，我們生命最初始即緊密相連，且跟我們擁有最相近的生活方式和價值觀的家人，但每個人依舊是獨立的個體，不可能長成完全相同的模樣。家庭形塑了一部分的我們，卻又不是百分百，所以生活上的磨擦、想法的歧異，都是無可避免的。我們會對家人有許多期待，但當現實與期待有落差時，我們就因此受傷了。

由於是家人，那傷痕可能又更深更重。

家的組成，或許只是愛吧。就算互相有期待、有要求，還是以愛為中心開展。因為愛，所以能包容差異，接納彼此的不完美。我們努力地用對方能理解的方式付出，同時也努力地感受對方的付出，這是一個互動的過程，而不是單方面的給予或接受。即使親密如家人，也需要不斷地灌溉滋養，才能讓愛繼續攀根生長，而不致漸漸乾枯。愛，從來就不是一件容易的事。

愛表達於行為中

後來我自己，用不同於我父母的方式教養小子。在我自己家，情感的表達很直接，說愛、說想念、說抱抱是每天的例行公事。生活上不會太艱澀難懂的事，我都會盡量跟小子說，也會好好聽他說。我對他生氣，為了什麼事生氣；我覺得難過，為了什麼事難過，我會用簡單的言語說明，讓小子知道。我也鼓勵小子認識這些不舒服的情緒，並找出原因和克服的辦法。有一天，小子也許會因為成長，推開我親暱的擁抱，有了他自己的生活圈和關心的話題，到那一天，我也會靜靜地聽他說，嘗試多接近他一些。

　　而我現在也明白，即使阿母不曾開口，但她對我們的愛就展現在她的日常一舉一動上。在我身心俱疲的時候，她義無反顧地接手照顧小子，比我對小子還更有耐心。家裡的冰箱，永遠塞滿了我們愛吃的食材，隨時供貨，甚至煮熟打包外帶。她也包容了我的撒嬌任性和有時候離經叛道的行為。她以自己的方式理解我，而她怎樣也無法理解的部分，雖然偶有碎唸指責，卻還是全盤接納了。

這幾年我們姊弟紛紛離家，我阿母跟阿爸上了年紀後，飲食變得清淡簡單；她一身廚藝難有伸展空間，只有過年過節才是她最佳的表演舞台。尤其這幾年又多了兩個欣賞她手藝的女婿，我阿母煮得更開心。所以年假期間，我通常會開心放懶，只當個小幫手，讓她好好施展一番。砂鍋菜色一向是我們家的年節指定菜，砂鍋獅子頭、砂鍋豆腐湯、砂鍋燉菜、砂鍋羊肉爐等等。寒冷冬夜，一家人圍著一鍋熱騰騰的美味湯品，朵頤酣飲，還有比這更溫暖撫慰的時刻嗎？

咪豆粟醫師悄悄話

每個人表現愛的方式都不相同。有時候，我們會埋怨，覺得對方不夠體貼，不夠愛我們。但你可曾試著去理解他的表達？真正的愛，是什麼形式並不重要。在愛裡面，我們會感到安全，得到成長，即使受傷了也找得到掩護躲藏的角落。

材料

豬絞肉 400 克、薑泥 1 小匙、蔥 1 支（切成蔥花）、太白粉 1 大匙、大白菜 1 顆、乾干貝 1 顆、乾香菇 3 ～ 4 朵、開水 400 毫升、鹽適量

肉丸調味料

醬油 1 大匙、米酒 1 大匙、鹽 ¼ 小匙、麻油少許

作法

①豬絞肉與薑泥、蔥花、太白粉及肉丸調味料混合均勻，摔打出黏性後再捏成肉丸。可依各人喜好，分成 6 ～ 8 顆。

②約 1 大匙油熱鍋，將肉丸表面煎上色定型，盛起備用。

③乾香菇、乾干貝以水泡開；泡開後香菇切條狀，干貝剝開成絲狀。

④大白菜分成菜葉與菜梗，菜葉剝大片，菜梗切細（或切薄）。

⑤取砂鍋，以少許油熱鍋後，放入香菇、干貝絲炒香。

⑥放入白菜梗部分，炒軟；再放入白菜葉，稍微拌炒。

⑦放入開水，再將②煎過的肉丸置於白菜上，煮滾後蓋鍋，繼續悶煮約 40 分鐘～ 1 小時，再以鹽調味即完成。

Tips

- 可以用雞高湯取代開水，味道會更濃郁豐富；也可以放進一小塊金華火腿同煮，湯頭會更鮮美。

滷肉飯

屬於自己的獨特味道

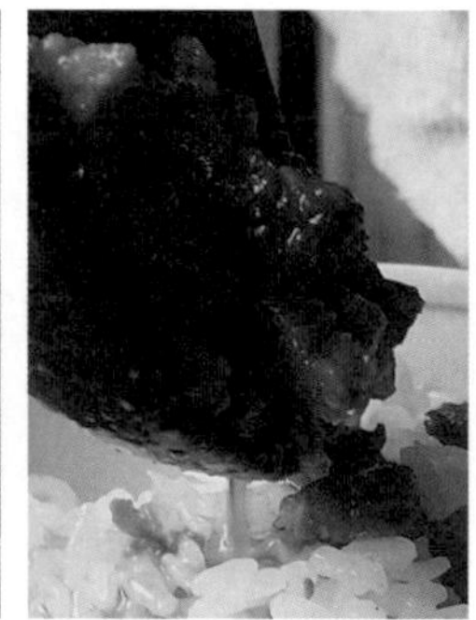

我們承襲了一部分原生家庭的價值觀，但因個人心性和人生經歷的不同，我們在成長的過程中，會慢慢琢磨發展出自己的想法。後來我們尋得的味道也許跟原生家庭的很相似，也有可能大相逕庭……

如果問起「哪一家的滷肉飯是最好吃的？」，一定會意見分歧，很難得到結論。很多人的答案或許都是「我媽滷的最好吃」，或是「巷口從小吃到大的那家最棒」。滷肉飯之於台灣人，或許就像馬鈴薯燉肉之於日本人吧！除了味道，它更承載了關於家庭的回憶跟情感。

我自己兒時的記憶，也多半是跟食物相關的。甜甜酸酸的糖醋魚塊是我的最愛，我總會在廚房幫忙把魚塊沾上蛋液再裹粉，然後悄悄把醃魚的蒜頭也魚目混珠地裹上一層薄粉後下鍋，看誰會不知情把它當魚塊吃下。便當盒裡那支用醬油、米酒、大蒜、月桂葉醃製過夜，再烘烤過的大雞腿，總會引來同學羨慕的眼光。有一次，我得意地跟併桌吃飯的好朋友介紹便當盒裡那顆大肉丸是紅燒獅子頭時，卻被嘲笑怎麼可能會有叫獅子頭的菜，讓我氣得有好幾天都不搭理她。

尋得獨特差異

雖然自己認真下廚是這幾年的事，但如果問我到底什麼時候開始學做菜的，我還真回答不出來。因為從我有記憶以來，好像就一直黏在媽媽身邊，在廚房幫忙洗洗切切。後來練就了媽媽只需說出菜名，我就能切末、切丁、切大段、切滾刀，把食材準備成正確的樣子，很多菜色也都是這樣自然而然學會的。

詹宏志先生為他夫人王宣一女士的《國宴與家宴》一書寫的序裡面，有一段是這樣說的：「這些手藝並非刻意學來，那是家庭生活裡的自然浸染，生活中每日吃飯，家庭主婦每日做菜，做的菜無非就是她的出身來歷，以及她自己後來的生活體會與創造的巧思。」的確因為自己的喜好與習慣，我的菜色和調味已經跟媽媽的不太相同。就像這一鍋滷肉飯，我家大爺喜歡有份量一點的肉，我也喜歡肥肉稍微多一點，吃起來才會有迷人的黏嘴膠質。所以我不像媽媽選用絞肉，而是改用五花肉切成細長條狀來滷肉，調味也做了一些更動。這些更動無關乎優劣高下，純粹只是生活方式和口味喜好的差異罷了。回到老家，我還是會央著她煮一鍋扁魚白菜或砂鍋豆腐湯，那是我怎麼也複製不出來的美味。

擁有自己的味道

原生家庭餵養著我們成長，我們帶著記憶中的味道，再尋找屬於自己的味道。這也就是長大、成熟、獨立的過程吧？我們承襲了一部分原生家庭的價值觀，但因個人心性和人生經歷的不同，我們在成長的過程中，會慢慢琢磨發展出自己的想法。後來我們尋得的味道也許跟原生家庭的很相似，也有可能大相逕庭；但無論如何，甘苦酸甜總是自己的體會領悟，那是別人難以模仿複製的。

我很喜歡的一位日本心理治療大師，河合隼雄，在他的著作《轉大人的辛苦》（大人になることのむずかしさ）裡面，提到關於「成為大人」是怎麼一回事，他是這樣說的：「所謂的大人，就是要能了解人生根本沒有所謂的範本，必須自己摸索出一種生活方式，並對此負起責任。而成為大人，就是朝著成為大人這個明確的目標，並且為了達到這個目標摸索出自己的道路的奮鬥過程。」

在單純的社會，可能會有一個簡單的範本可以依循，也許只要承襲著長輩、父母的價值觀，就很容易找到自己理解世界的方法而得以生存。但現代社會變化快速，我們獲得的資訊量遠遠多於上一代（而我們的下一代又將遠勝於我們），父母親的價值觀不再能全面適用，於是我們只能一路摸索、一路成長，並對我們所做的決定承擔負責。在這個過程中，可能充滿挫折，可能不被理解，也可能需要奮戰；但經過了這一切，我們才會真正成為大人，擁有自己真正在乎的中心價值和世界觀。

小子每天吃我做的菜，對他來說，什麼會是媽媽的味道？什麼又是他自己的味道呢？這個問題，我想等三十年後我再問問他吧！

咪豆栗醫師悄悄話

長成大人，意謂著能有一套自己依循的價值判斷準則和生活方式，並且能對自己的選擇負起責任。選擇沒有對錯，也沒有完美與否。即使結果不如預期，那都是自己的判斷，再難堪也必需承受。而一次次的挫折和修正，都能轉化為讓自己更完整的力量。

滷肉飯

材料

五花肉 500 克、紅蔥頭 6 ～ 8 瓣、黃砂糖 2 大匙、醬油 50 毫升（依各家醬油鹹度及個人口味調整）、米酒 30 毫升、清水 200 毫升

作法

①將五花肉切成細長條狀，紅蔥頭切薄片備用。

②鍋中放入砂糖，開中小火將砂糖煮至完全融化呈琥珀色。

融化糖的過程中可搖晃鍋子使均勻受熱，但在完全融化前不要用鍋鏟去撥動，否則會反砂結晶，更難融化。

③下五花肉與融化的砂糖拌炒，讓肉均勻裹上糖色。

④將肉集中至鍋子的一側，在另一側下紅蔥頭，將紅蔥頭爆炒出香味後，與肉拌炒均勻。

⑤分 2 ～ 3 次下醬油，拌炒均勻。

⑥下米酒翻炒，再加入清水後蓋鍋，待滾起後悶煮約 1 小時。

⑦起鍋前可視鹹淡調整，若過鹹可加入米酒、水；過淡則加入醬油，再繼續悶煮 10 ～ 15 分鐘。

麻油雞飯

溫暖身心的誘人美味

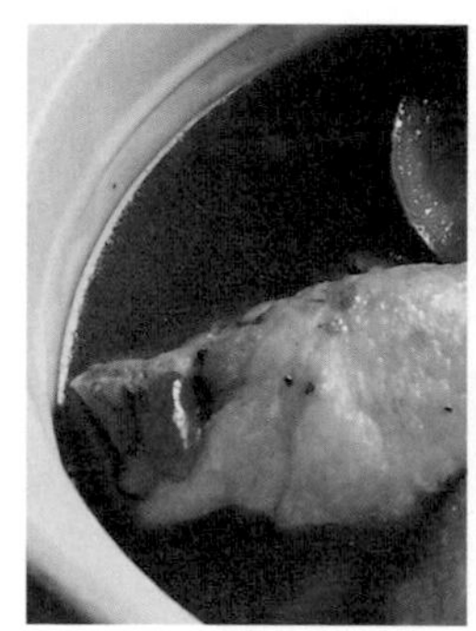

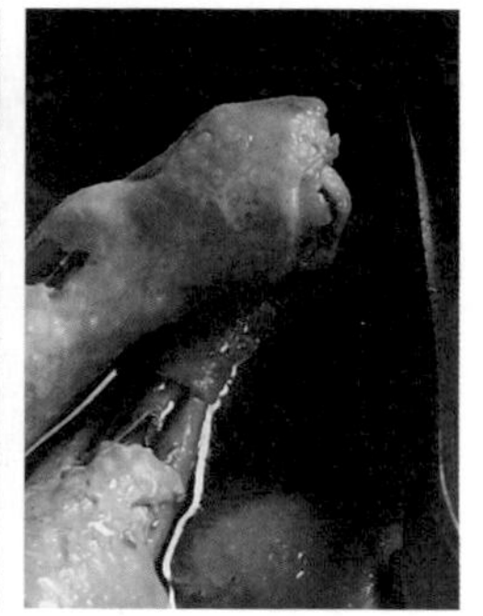

接著放入切塊的帶骨雞肉，煎至雞肉兩面微焦上色。過來就該是米酒上場的時候了，把米酒一口氣倒入，唰的一聲，從鍋底冒出大量白煙、酒氣，熏得煮婦都醉了……

天氣轉涼後，很常在用餐時間聞到別戶人家傳來麻油爆香老薑片的味道。「啊！今天又有人在煮麻油雞酒了呢！」一邊想著，一邊用力呼吸幾下，好像身體也能跟著暖和起來。這個味道，我想幾乎沒有一個台灣人會不熟悉吧，甚至可以說，我們就是聞著麻油香、吸吮著母親乳汁裡淡淡的雞酒味而開始認識這個世界的。

麻油雞是我最喜愛的台菜之一，對它也一直有著特殊情感。以前學生時代還住在老家的時候，每逢生理期，媽媽總會燉一鍋麻油雞湯或四物雞湯幫我進補。我偏愛麻油雞，可以一個人喝掉兩、三碗湯，而墨黑味濃的四物雞總引不起我的胃口，久了以後，四物雞不再出現，麻油雞則在餐桌上和我的心裡留了下來。

大學時離家到了台北，尤其在細雨飄個不停、又濕又冷的空氣會鑽進身體深處的台北冬天，都會格外想念麻油雞。為了麻油雞，我在台北街頭遍尋這一道熟悉的美味。只要聽說哪邊的店家評價不錯，再遠都會騎著機車去尋寶，但往往會敗興而歸。不是麻油味道不夠香醇，就是酒水的比例不得我心，或是雞肉乾柴難以入口。

漸漸我就放棄尋找，只等待返家時，再吃一鍋那無可替代的、我阿母的麻油雞。通常返家前，我會先以電話通知媽媽我又想念她的麻油雞了（通常我點的菜也不止麻油雞，還會有糖醋魚、蝦仁滑蛋、奶油焗白菜、砂鍋獅子頭之類，我阿母也真的使命必達）。如果運氣好，遇上阿嬤養在後院園子裡的雞也剛好能宰殺了，那我還會多一塊在湯汁裡浸得軟綿、也吸飽了香氣的米血糕。

燉煮一鍋溫暖

當我自己習慣下廚後，說什麼也得學會這一道麻油雞，這樣隨時想解饞的時候都不用發愁，也不用再千里迢迢騎車遠征，卻換來失望一場。黑麻油是這道菜的主役，千萬不能小氣，得選一瓶品質味道都極佳的黑麻油，大方地倒個幾匙下去；再放入薄切的老薑片，用小火細細慢煸，煸到薑片邊緣捲曲，辛香味盡出。通常只要到這個步驟，鄰居們就會知道有人在煮麻油雞了！

接著放入切塊的帶骨雞肉，煎至雞肉兩面微焦上色。過來就該是米酒上場的時候了，把米酒一口氣倒入，唰的一聲，從鍋底冒出大量白煙、酒氣，熏得煮婦都醉了。在酒氣中將黏在鍋底的精華鏟起，讓麻油、老薑、雞肉、米酒所有味道滾煮融合，最後再放入開水，用小小火讓湯汁嘟嘟嘟地冒著小泡蒸騰著，然後，等到雞肉熟軟，湯汁稠濃，被滿室麻油酒香撩撥多時的食慾終於獲得滿足！

因為喜愛麻油雞，所以我也愛麻油雞飯。我阿母只煮麻油雞湯，沒煮過麻油雞飯。這是某次我在台菜餐廳菜單上看到的菜色，如獲至寶，馬上就把它學起來。這一鍋裡面既有鮮嫩雞肉也有鬆軟米飯，每一口都吃得到麻油酒香。飯肉同時上桌，也讓主婦省事不少。做麻油雞飯的時候，我會再多加一些泡發的乾香菇去爆香，也會加入一些枸杞一起燉煮，這也是跟台菜餐廳學來的招數，會讓整體味道更豐富一些。

現在自己也生養了小孩，已經不是賴在廚房撒撒嬌、翻著食譜點點菜，等著媽媽伺候的女兒賊；反而還要費盡心思設計菜單，伺候我家那隻挑嘴的小子。而阿嬤年事已高，駝著背脊的身體不似過往敏捷，已經不在園子裡放養雞隻；因此我也好久沒吃到新鮮米血了。不過冬夜裡，自己燉煮這樣一鍋麻油雞飯，身體心底也溫暖著、滿足著，好像又回到賴著媽媽多舀一碗湯給我的小女孩時光。

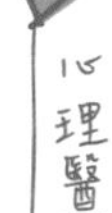

心理醫師悄悄話

許多生活上的物事，因為摻雜了回憶，而使我們對它有了特殊情感。回憶可能美化，也可能醜化了這些事。你的生活中，充滿太多難過的回憶嗎？但是否也有一些美妙的時刻，像黑暗裡的微小燭光一樣，帶來一些溫暖光亮。感覺難過的時候，回憶一下那些美妙的時刻吧！

材料

帶骨雞腿（大腿＋小腿）1 支、老薑 1 段（5 公分）、黑麻油 3 大匙、米酒 150 毫升、開水 300 毫升、白米 1.5 杯、乾香菇 5 朵、枸杞適量、鹽適量

作法

①雞腿切大塊，老薑切薄片。乾香菇泡開切細長條。枸杞洗淨。白米洗淨、瀝乾水分備用。

②鍋內放入黑麻油及老薑片，以小火慢煸至薑片邊緣捲曲。

③放入香菇，炒出香氣。

④放入雞腿，煎至兩面上色。

⑤倒入米酒，稍微滾煮讓酒氣揮散。

⑥放入開水及枸杞，煮滾後轉小火，再煮約半小時讓雞肉熟透。

⑦放入白米。讓白米全部都能浸到湯汁中，並加入適量鹽調味。

如果不好操作，可以先將雞肉取出，待白米都放入後再將雞肉放回鋪在上面。

⑧開大火煮滾後，轉小火續煮約 8 ～ 10 分鐘，熄火後再悶約 15 分鐘即完成。

Tips

- 米酒跟水的用量比例可以視個人喜好調整，如果喜歡味道強烈一點，可以用全酒不加水。

紅燒牛肉

來自母親的輕奢侈滋味

她勇於嘗新，很能接受新觀念、新環境，也不怕挑戰，這一點很能反應在她的料理上。直到現在，她仍在不斷學習，希望能突破自己、持續進步……

寫料理，不能不寫我的阿母。小時候，都有寫過名為「我的母親」的作文。已經不記得當年小小年紀的我寫了些什麼，大概就是一些媽媽溫柔賢慧、是家庭主婦、很會做菜、每天都很用心照顧我們三個小孩……諸如此類八股又表淺的文字吧？這幾年，一方面是自己長大了，也經歷了一些事；一方面則是身為精神科醫師的職業病，我對我阿母，有了一點新的理解。

我阿母她當然是賢慧「欠咖」的主婦，家中一切大小事都由她打點，我們三個姊弟分別的行程她從不會搞混，阿爸和我們姊弟在生活上完全依賴著她。再加上有好幾年的時間，她是家中自營小書局的唯一員工兼老闆，這樣的工作絕不輕鬆。她同時也溫柔如海，包容著阿爸不時的應酬晚歸、包容著我們三姊弟的拌嘴打鬧、包容著婆家大家族的複雜人際往來，和自己娘家的瑣碎煩惱。在我混亂的青春期，她從來沒有大聲斥責或否定過我什麼。我敏感的小弟和固執的阿爸之間的戰爭，她也一直扮演著潤滑傾聽的角色。

還有，她也是熱情的，對生活、對生命、對身邊的朋友都是。她勇於嘗新，很能接受新觀念、新環境，也不怕挑戰，這一點很能反應在她的料理上。直到現在，她仍在不斷學習，希望能突破自己、持續進步。

無私寬厚地付出

她的賢慧、溫柔和熱情，是因為後面有很堅強的意志力在支撐著她吧。這個強韌的意志，或許一部分來自天性，一部分來自小時艱苦的環境；但她的確是個不輕易認輸，也不喊累的女人，一路拚鬥著往上爬，讓自己、讓下一代的我們都能站到更高更遠的位置。好強如我，也不得不由衷地敬佩比我更好強的她。

不過背負著這樣龐大的家庭壓力，她當然也會有脆弱、情緒化的時候。大學時有一段時間，放長假在家待久了，就會感受到無形的情緒壓力。她常常板起臉孔不發一語，我們就默默鳥獸散開，自己找事情做，離開她視線。那時候的她，應該很不好受吧。但習慣迴避情緒的傳統觀念，讓她沒辦法敞開心胸去談論、正視自己的心情，我們也不夠溫暖貼心，只讓她一個人孤獨地承受著。幸好後來這些情緒也都過去了，強韌的阿母，找到了自我調適的辦法，讓她自己又恢復了往日的熱情。我們一直接受著她無私寬厚的付出，但我們又為她做了些什麼呢？想想真是太汗顏。

給予最好的教養

有了孩子以後，我一直在思考，我能給孩子怎樣的教養環境呢？我會不會做得不夠好？關於善良、關於包容、關於自律，我的父母又是怎麼教給我的呢？其實他們從來沒有定義過自己的言行，也從來沒有定義過自己的人格特質。他們不像我，會用很多華麗艱澀的形容詞和專有名詞，但他們就是這樣樸實地做自己、努力過著每一天。於是不需說出口，也不需定義，我在他們用豐沛的愛圈圍起的環境下，自然就感染到了那些美好的特質。而我所相信的、我所努力的，和我所盼望的，如果也都能讓小子如實地感受到，或許這對他就是最好的教養了吧？

長大以後，大家還有重新再認識自己的媽媽嗎？如果再重寫一次「我的母親」，大家又會怎樣表達呢？

這道紅燒牛肉，不能算家常菜，畢竟小時候沒這麼容易買到進口牛肉；但每回大人要犒賞我們，或偶爾奢侈一下，就會買回整袋的牛肋條做紅燒牛肉。作法完全是來自我阿母，沒有任何更動，我想這就是這道菜最好、最適宜的模樣。

咪豆粟醫師悄悄話

許多人都會傾向迴避情緒，可能是害怕衝突，也有可能是害怕表達情緒時，顯現出脆弱的自己。但，情緒是正常且自然的反應，也能保護我們免於受傷。試著用理性的態度來表達情緒吧！

紅燒牛肉

材料

牛肉（牛肋或牛腱）350克、白蘿蔔1條、紅蘿蔔半條、蒜頭2～3瓣、老薑1段（約6公分）、青蔥1支、豆瓣醬1大匙、清水400毫升、醬油3大匙

作法

①牛肉切大塊，紅白蘿蔔切大塊，蒜頭切細末，老薑切薄片，青蔥切大段。

②少許油熱鍋後，將牛肉下鍋煎至表面變色。再把煎過的牛肉先取出備用。

③用煎牛肉逼出的油脂，爆香蒜末、老薑。

④下豆瓣醬炒香後，再將牛肉下鍋拌炒均勻。

⑤倒入清水淹過牛肉，再下醬油、放入青蔥，開大火煮滾後轉小火，再用壓力鍋煮約20分鐘（或用一般的鍋子煮約1～1.5小時）至牛肉軟爛。

⑥放入紅白蘿蔔，續煮至蘿蔔軟爛。用壓力鍋約煮10分鐘（或一般鍋子約煮半小時）。

⑦若要拌飯，食用前用少許太白粉水勾薄芡即可。

磅蛋糕

簡單卻無可取代的陪伴

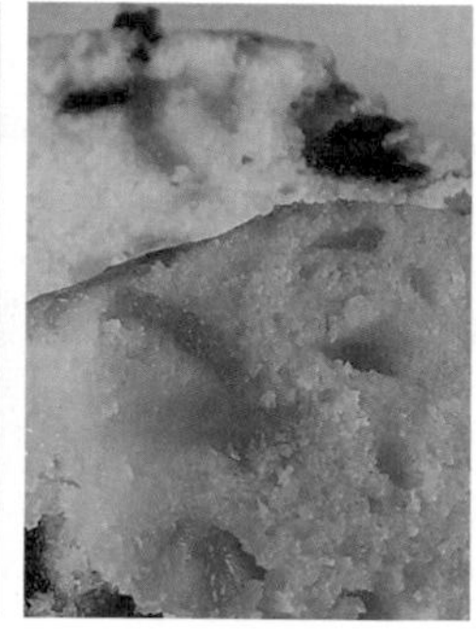

就在我遺忘磅蛋糕多年後，有一天在朋友送的人氣喜餅禮盒裡，重新遇見了它。起初沒有什麼太大期待，只是隨手拿起想試試口味。不過那蛋糕的濕潤感、奶油香、令人懷念的蘭姆酒漬果乾，卻帶來了意外的驚喜……

我最早接觸到的西式糕點，就是磅蛋糕。約莫在我幼稚園小學年紀，我阿母就照著食譜，使用漂亮的長型玻璃模做出鬆綿濕潤，裡面還有滿滿果乾的磅蛋糕。於是我知道了磅蛋糕，知道了奶油麵粉，知道了蘭姆酒，也知道了原來用蘭姆酒浸漬過的葡萄乾竟是如此的美味。磅蛋糕也就從此陪伴了我十多年。

後來到台北唸大學，我被各式各樣華美繽紛的鮮奶油蛋糕、慕斯、巧克力蛋糕迷惑，心中再也沒有磅蛋糕的位置，甚至還有點歧視了它。這麼簡單樸素的蛋糕，在華麗的鮮奶油蛋糕面前，怎還敢自稱蛋糕呢？大約就像那時候，我離開小鎮到台北時的心情吧？到達了從小嚮往的台北，自以為是地以為我所見到的就是全世界；可惜自以為是的心情並沒有持續太久。

遺忘後重新遇見

在台北生活的頭幾年，我過得並不順遂，一點也不像美味的鮮奶油蛋糕，反而處處看到自己的匱乏與不足。我很努力地試圖趕上，課業、知識、外表，後面有什麼人追趕似地拚命往前跑，卻一直無法達到目標。那幾年，我很厭惡台北，也經常咒罵著台北，又濕又冷，沒有南部的明亮陽光和人情味。但台北畢竟還是有它的魔力，我一邊咒罵著它，一邊生存了下來。在濕冷雨絲的間隙中，在擁擠巷弄的角落裡，我慢慢找到生存的方法。

此後，我就跟台北和解了，我不再討厭它，它也不再追趕我。雖然它依舊時常提醒著我的貧乏，但我偶爾也能一笑置之了。其實我和解的對象，是我自己吧？豐盛華美與濕冷幽黯並存，是台北，也是我。台北以外，有東京、紐約、巴黎；而我以外，還有全世界。

就在我遺忘磅蛋糕多年後，有一天在朋友送的人氣喜餅禮盒裡，重新遇見了它。起初沒有什麼太大期待，只是隨手拿起想試試口味。不過那蛋糕的濕潤感、奶油香、令人懷念的蘭姆酒漬果乾，卻帶來了意外的驚喜。於是我開始會在我經常買蛋糕的店家，順便多帶一塊磅蛋糕，並嘗試不同口味組合；在學烘焙以後，我也買回了磅蛋糕食譜，自己學著製作。

美味始終如一

雖然比起外表精緻、夾餡豐富、層層疊疊的鮮奶油蛋糕，磅蛋糕的作法算是相對簡單輕鬆，但若想製作出跟店家一樣的美味蛋糕，不僅材料要講究，打發、混拌的過程也是需要重複練習。磅蛋糕的確其貌不揚，無法從外表就讓人驚豔，但它內蘊的豐厚，讓它始終能在蛋糕的世界裡占有其獨特地位，這也才是它真正的價值。我對磅蛋糕從此改觀。

決定是否搬離台北的時候，我在心裡不停拉扯掙扎。眼前就是一塊美味的鮮奶油蛋糕，而我卻必須放下叉子轉身離去？我想起初至台北時的衝擊，想起當年我的匱乏與自卑，猶豫地擔心小子未來又得經歷我所經歷過的這一切。我可以在不那麼豐富多元的城市，將小子教養成一個心靈富足的孩子嗎？我無法不質問自己；但心靈內涵的豐富與否，一定需要仰賴城市的加成嗎？這是心裡另一個聲音。我終究無法解答心裡的疑問，但也只能做了當下最合適的決定，帶著這些疑問離開台北。

那天小子從我老家回來，開心跟我說阿嬤做的蛋糕好好吃。我想我阿母應該又是做了她拿手的，我從小吃慣的磅蛋糕吧。雖然心裡疑問依然未解，但回來以後，小子多了好多愛他疼他的大人，是不是離媽媽期待的心靈富足又稍微近了一些呢？至於其他方面，就讓媽媽更努力去補足一切吧！

咪豆票醫師悄悄話

你是否也是，像後面有人追趕似的，拚命地往前跑呢？偶爾停下腳步，看看你所擁有的，和你所珍視的，而不是只看見自己的匱乏。大山大海很壯闊，丘陵小溪也自有它們的美麗。追趕你的，會不會只是你自己的影子呢？

籤戳到正中間，確定沒有沾黏即表示已烤熟。

⑦取出至散熱架放涼後，放入密封容器中保存。通常在常溫下可以存放 1 ～ 2 天，若還沒吃完就移入冰箱。從冰箱取出直接吃，口感會偏硬（畢竟奶油量多），可以回溫一下再吃更好吃。

Tips

- 因為放了很甜的鳳梨果粒，所以有減糖量。只放蔓越莓乾的話，糖量應增至 100 克。
- 蛋液分次加入，才不會油水分離、打不發。不要為了省時減步驟哦！

模具

18*9*6 公分長型磅蛋糕模

材料

奶油 100 克、砂糖 70 克、低筋麵粉 100 克、泡打粉 ½ 小匙、蛋 2 顆、鳳梨果醬 50 克（瀝掉水分多的果漿，只餘鳳梨果粒）、蔓越莓乾 50 克、蘭姆酒適量

作法

①奶油放置室溫下軟化。泡打粉跟麵粉混合過篩。蛋打散。蔓越莓乾切成小塊。

②烤箱預熱 170 度。蛋糕內模鋪上一層烘焙紙防沾黏。

③攪拌器開低速，將奶油打至泛白。再加入一半的砂糖，用高速打發奶油呈輕盈狀。加入剩下的砂糖，整體打至呈毛絮狀。

④將蛋液 1 大匙、1 大匙分次加入，每加入一次就用攪拌器打發。

⑤分 2 ～ 3 次加入過篩的麵粉 + 泡打粉，用刮刀攪拌均勻。再加入鳳梨果粒及蔓越莓乾，攪拌均勻。

⑥將完成的蛋糕麵糊倒入模內，入烤箱烘烤約 45 分鐘。在最後 10 鐘的時候，可以在蛋糕表面刷上蘭姆酒增添風味。烘烤完成後，用竹

Chapter 2

用料理為大女孩們加油打氣

於是長大以後，我們在不同角色間轉換，
堅持做到最好，生活卻也漸漸失去平衡。
相信愛等於犧牲，不再擁有喜愛的口味；
熱可可、甜蛋糕……
別忘了自己也該好好被寶貝。

關東煮

雨夜裡的一鍋溫暖擁抱

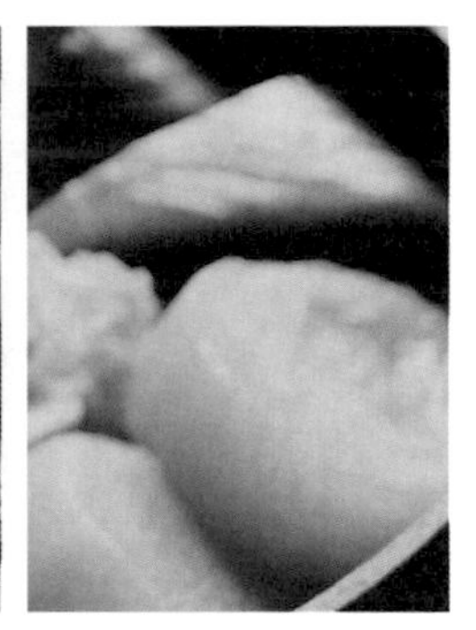

「我真的從來沒想過溫柔這件事，我會好好想一想。」她的語氣裡，除了慣常的堅定，還多了一點點的柔軟……

她一直都很堅強。在娘家，她排行老大，國中畢業就外出工作，幫忙負擔弟妹們的學費與生活費；結婚後，有了三名子女，但先生工作不穩定，於是她一肩扛起家庭重擔。最大的孩子才國中時，先生就因為夢想當老闆，創業失敗後留下大筆債務人間蒸發，也是由她兼兩份工作，一點一點把負債還清；三個孩子也相繼大學、專科畢業，有了穩定的經濟收入，家中生活才逐漸改善。

大家都說她很辛苦，說她先生太不負責任，怎麼這樣不聞不問；她卻笑笑的，從不反駁，也很少抱怨什麼。「遇到了，只能去解決，自己的命比較不好啦」，這是她的人生哲學。同時，她對孩子也很嚴厲，她相信沒有吃不了的苦，也沒有過不去的難關；而金錢，是人生最大的保障，一切幸福快樂的基本。

卸下重擔之後

因為忙碌，她陪伴孩子的時間並不長，但工作繁忙之餘，她盯著孩子的品行發展，嚴格要求成績表現，絕對不允許孩子走偏了人生的軌道。三個孩子也都體貼，他們懂得媽媽的辛苦和難處。因為長年的壓力累積，雖然現在稍微放鬆了，生活不再是個重擔，但她依舊被失眠所擾。

即使她嘴裡說著沒什麼好擔心的，孩子都長大了、已經有辦法出國旅遊、最苦的日子都過去了等等，但話語中仍時不時透露出她的焦慮——跟女友交往多年卻不結婚的大兒子、結了婚也不想生育的小兒子、有點嬌氣又容易暴躁的小女兒——她搞不太懂年輕一輩的想法。結婚、生子、維繫一個家庭，不就是人生嗎？哪來這麼多自由自在做自己？

其中，她最掛心的是被她形容「吃不了苦」、「抗壓性差」的小女兒；三十好幾還住在家，老是在抱怨工作、主管，交往對象換過好幾個卻都定不下來。母女倆常因生活瑣碎小事起爭執。「都是一些無聊的事」，她揮揮手不願意多談。某天，她回診，說她一切都好，遲疑了幾秒又說，女兒前幾天跟她嘔氣了。這次她罕見地交代了事情始末細節。

當憤怒包裝了情感

那天女兒下班途中，遇到一場雨，機車又在半路故障，女兒狼狽地回到家，衣褲全濕。她見到女兒的模樣，劈頭就說：「摩托車前幾天就怪怪的，叫妳快點牽去修妳又不去。叫妳裡面要塞一件雨衣妳也嫌占空間，把自己搞成這樣！」女兒煩躁地回了她幾句話，剛熱好在桌上的晚餐也不吃了，甩頭就回房間鎖上門，從此母女冷戰將近一週。

「我只是唸她一下啊，自己不注意，唸一下也不行，抗壓性有夠差。」她繼續說著。

「其實妳很擔心她對不對？還在她回家之前就把飯菜都先熱好？」我打斷她。

「當然會擔心啊，那麼大的雨！她不管多晚下班，我從來沒讓她吃過一頓冷掉的飯。」

「那妳怎麼不讓她知道妳的擔心呢？問她會不會冷？要不要去換衣服、喝個熱湯？需不需要哥哥幫忙，把車子牽去車行檢查一下？」她語塞了，似乎沒想過可以用這樣的方式表達。「妳女兒那時候最想要的，應該是妳的安慰吧？都這麼狼狽了，她想要的是媽媽的溫柔啊！」我又多嘴補了一句。

她低下頭，把臉伏在臂彎裡。我知道她掉了眼淚，但我什麼都沒說，只是安靜地等待著。她不喜歡讓人發現自己不堅強的那一面。不過很快地，她整理好情緒，豎起背脊，恢復回我熟悉的模樣。

「我真的從來沒想過溫柔這件事，我會好好想一想。」她的語氣裡，除了慣常的堅定，還多了一點點的柔軟。

你也是這樣不輕易表達情緒，習慣用憤怒來包裝擔憂嗎？在你嚴厲壓抑的外表下，被層層包裹的真實情感，能確實傳遞出去，讓對方接收到嗎？淋濕的身體，需要溫暖的大毛巾和一碗熱湯；而受傷的心，需要的只是你一個溫柔的擁抱。

雨夜適合來一碗熱騰騰的關東煮。

咪豆粟醫師悄悄話

我很喜歡擁抱。體溫和包覆所帶來的安全感，好像可以讓所有煩心的事暫時停止。而且透過擁抱，自然就傳遞了最溫暖關懷的情感。你有多久沒好好擁抱你親愛的人了呢？

關東煮

材料

昆布柴魚高湯 2 公升、醬油 50 毫升、味醂 50 毫升、鍋料適量（例：白蘿蔔、玉米、蒟蒻、水煮蛋、香菇、牛蒡天婦羅、豆腐丸子、竹輪……）

作法

①白蘿蔔輪切，沿著半徑劃一刀進去幫助入味。蒟蒻切大塊，表面刻細刀痕幫助入味，放入冷水中煮開；滾煮 2 ～ 3 分鐘後，再以冷水沖淨以去除腥味。竹輪、牛蒡天婦羅、丸子也先以滾水燙過去除表面油脂，湯汁比較能保持清澈。水煮蛋剝去蛋殼備用。

②高湯加入醬油、味醂煮開。

③食材依軟爛的難易度順序放入。先放白蘿蔔、玉米、蒟蒻、水煮蛋；上述食材煮軟後再放香菇、竹輪、天婦羅、丸子等等。

Tips

- 可以蘸黃芥茉吃，我則是喜歡蘸柚子胡椒吃。不過其實每一樣食材都吸飽了高湯，就算不蘸醬也夠好吃囉。

繽紛野菜沙拉

生活中的黃金比例

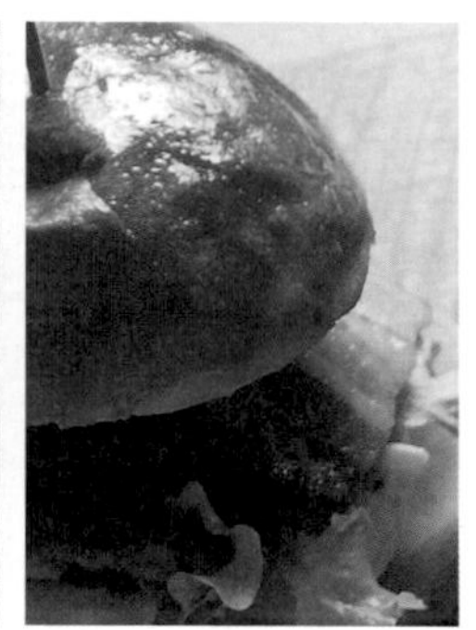

生活上各個部分的比重很難有黃金比例，永遠沒有一體適用的規則可循，只能靠自己去摸索調整，找出讓自己舒適開心的分配。生活沒有黃金比例，生菜沙拉常用到的油醋醬汁卻有黃金比例……

年輕的妹子來找我討論她的感情困擾。哭哭涕涕，聲淚俱下，控訴她的另一半竟然瞞著她與前女友密切聯繫。看著她紅腫的雙眼，覺得跟我印象中的她很不同。以前的她，很會安排活動，休假總是跟朋友成群結伴，又是登山，又是露營，把生活過得相當充實。我還真的沒有看過她這麼脆弱自憐的樣子！

我問她，那些一起出遊的朋友呢？原來男友不愛戶外活動，漸漸地也就跟以前的朋友少了往來。跟男友交往後，她調整了自己的生活型態，不再從事她一向最喜愛的戶外活動，開始陪男友看電影、逛展覽。要說她勉強自己，她倒也不覺得。她喜歡聽男友興高采烈地談起這些她以前沒接觸過的領域，也覺得自己認識了一個有趣的新世界。漸漸地，她的生活重心就無可避免地傾斜到男友這一側了。

平衡傾斜的重心

「見色忘友」，她自己下了這個結論。見色忘友嗎？我並不這樣想，畢竟愛情很難用理智控制。談感情的時候，不太可能去理性劃分生活的百分之幾歸自己、歸朋友，百分之幾歸戀人。當腦袋裡主掌激情的多巴胺旺盛分泌的時候，我們的世界就幾乎只剩下戀人了，世界繞著他轉，情緒也隨著他而起伏不定。

只是多巴胺分泌也總有恢復正常的一天。當激情減少，愛情回歸到日常，考驗才正要開始，傾斜過度的生活重心，需要重新平衡。因為愛情而暫時沉潛壓抑的自我，也會呼喚我們重新注意到它的存在。所以接下來就是激情過後的，所謂磨合，所謂平淡，所謂長久吧？愛情從來就不是一場短跑賽，而是一場障礙重重的耐力長跑。

接近真實的自己

遞給妹子幾張面紙，她抽抽搭搭的眼淚慢慢停了下來，她說，她要跟男友好好談一談，關於安全感和信任的問題。她也要傳個訊息給以前的好友，再相約見面登山；還有，工作上的新計畫擱置許久，她也想花點時間開始準備。我拍拍她，覺得以前熟悉的那個可愛認真的妹子又回來了。

「可能等我不那麼需要他，他就回來黏我了」，她又下了一個新的結論。

我不知道她跟男友的故事之後會怎麼發展？也許重新找回信任感，也找到兩個人都接受的相處模式；也或許從此分道揚鑣，不再互相妥協配合。不管什麼樣的發展總是好的，我們挫折，我們悲傷，然後我們學習、我們成長，於是我們一步一步更接近真實的自己。

感情、工作、家人、朋友、興趣，生活上各個部分的比重很難有黃金比例，永遠沒有一體適用的規則可循，只能靠自己去摸索調整，找出讓自己舒適開心的分配。

生活沒有黃金比例，生菜沙拉常用到的油醋醬汁卻有黃金比例。油醋醬汁是很好準備的基本醬汁，材料也簡單，只需要「油」跟「醋」這兩樣即可。而油、醋這兩者的黃金比例就是油醋比等於三比一，只要熟記，隨時都能調出美味醬汁。油的部分，我通常使用初榨橄欖油，它會帶著清爽的草本香氣和堅果味，有些還會有淡淡辛味；而醋的部分，我喜愛以葡萄發酵的巴薩米克醋，如果是陳年醋，香氣會更濃沉，酸味也更細緻，都會讓沙拉更豐富精采。

想想，如果人生也能像做料理一樣，照著食譜，按表操課，最後就生出美麗的結果，那該會有多簡單呢？只是如果是這樣，會不會也失去了一些尋找、探究，或重新發現所帶來的樂趣呢？

咪豆栗醫師悄悄話

談戀愛，會讓我們腦內的化學物質急遽變動且混亂，失去了平時的判斷力。於是激情過後，我們是不是應該停下來問問自己，跟他在一起的我開心嗎？他了解我，並重視我嗎？他是否能陪伴我一起面對困難、解決問題呢？愛情需要激情，而生活需要的是理智。

繽紛野菜沙拉

份量（兩人份）

材料

綠色生菜（橡木葉、綠捲鬚或奶油萵苣皆可）1 束、小番茄 10 顆、水煮蛋 1 顆、碗豆莢 10 個、馬茲瑞拉起司小球 5 顆、橄欖油 3 大匙、巴薩米克醋 1 大匙、黃芥茉籽 1 小匙、鹽與黑胡椒適量、核桃碎適量

作法

①綠色生菜洗淨後瀝乾水分，撕成大片。

②番茄洗淨後對切。

③碗豆莢撕去粗絲，以滾水燙約 1 分鐘，撈起瀝乾水分、放涼後，斜切半。

④水煮蛋縱切成 6 等分。

⑤馬茲瑞拉起司小球掰開成 2 ～ 3 等分。

⑥將橄欖油、醋、黃芥茉籽、鹽、黑胡椒攪拌均勻成沙拉醬汁後，將綠色生菜、碗豆莢、番茄放入沙拉醬汁，用手或大夾子翻拌幾下，使均勻沾上醬汁。

⑦將⑥放入大盤中，再放上水煮蛋、馬茲瑞拉起司球點綴，最後撒上核桃碎即完成。

Tips

- 沙拉醬汁比例的祕訣就是油：醋 = 3 : 1。
- 偶爾想換換口味，可以用檸檬汁取代一部分的醋。
- 黃芥茉籽會讓醬汁略帶一點辣味，整體味道較豐富，如果不愛辣味可省略。

烤蔬菜

點亮黯淡生活的繽紛多彩

當無力感持續累積，生活也變得黯淡無光。在這樣的時候，我也只能讓日子緩緩地推移前進，工作、家庭、孩子……不能停下腳步，試著在這裡面重新找回顏色和自己熟悉的步調。繽紛多彩的烤蔬菜，能點亮黯淡的生活嗎……

她急切地想交代事情的始末，但愈急切，只是讓她原本就不通順的中文語意更為混亂。我重複跟她確認，把幾個聽不懂的字詞捉出來一一詢問，花了比平常會談多兩、三倍的時間，可能也只稍微拼湊出五成左右。在我的理解下，故事大概是這樣子的：她婚後從印尼來到台灣，現在跟先生、兒子一同生活，她不諳中文，先生也不諳印尼文，兩個人平時是以她完全講不清楚的中文溝通。

孤身在台灣的她，沒有朋友，沒有社交，生活以家庭為重心，凡事仰賴先生做主，連每天生活的活動安排，也是先生決定、發號施令——妳該運動、妳該減肥、妳該出門不要一直窩在家、妳得憂鬱症了，該去看醫生。是的，她的確愈來愈憂鬱，睡不著、吃不下，做家事變得拖拉懶散，對調皮的兒子也愈來愈沒耐心。

就診前幾天的晚上，先生下班後無故遲遲未歸，回家時帶著一身酒氣，她又急又氣，整個人發狂怒吼，一隻腳跨出了窗框。她的失控驚動了鄰居，也驚動了警察，騷擾了大半夜，才終於平靜下來，然後她就被先生領到診間，泣訴著這一切。

無力感再次襲來

「大家看我的眼神都不一樣了，都不一樣。大家都說我生病。我老公才生病，他變了。」我無法理解她更深層的語意和情緒。或許她想表達的是，先生對她的態度轉變，才導致她的發狂？對她來說，先生這幾年的改變是什麼呢？我也無法釐清她婚前的情緒狀況、她的個性、她平時跟娘家的互動頻率，還有她是怎麼跟幼子的學校老師溝通？夫家又為她提供了什麼資源和協助，或是造成了什麼壓力呢？很難想像她這幾年的生活怎麼度過的。孤單的環境、陌生的語言、侷限的生活、權威的丈夫，還有不受控的幼獸……眼前的她，實實在在地憂鬱著，不安、混亂且無助。

我簡單向她解釋了藥物服用方式，並詢問她是否有意願學習中文，或許能打開她的生活範圍，還能在中文課交到幾個語言相通的印尼朋友，希望被傾聽的時候，也能有個訴說的對象。她眼神茫然不知所措，不知是沒聽懂，或是無法做決定。我喚來她的先生，把同樣的叮囑又重複了一遍，並強調家人朋友的支持理解對憂鬱症治療的重要性。先生不耐地幾次打斷或否定我的建議，留下了幾個不可能、不需要，便匆匆領她出診間。我憂心地看著她離開，不知道她會否再回診？會不會情緒獲得短暫的解放後，她及家人就認為已不需要後續治療？無力感又在我心中悄悄升起……。

照亮無光的生活

精神科的工作，即使偶爾能帶來些許成就感，但無力感累積的速度經常又更快。我們實際在做的事，並不是像很多人想像的：明亮的診間、舒適的躺椅、治療師的一句話語就帶來徹底的改變。真實的世界並沒有那麼美好，許多來到診間的，都是在社會各個角落掙扎的人們，被生活重擔擠壓著，苦悶不安，只求能有一夜好眠。這些個案後面，往往糾結的是一個家庭，或甚至是整個社會，不是單靠精神醫療的力量有辦法改變的。家屬的態度、健保的限制、政策的短視、大眾的偏見等等，都會使我們找不到著力點，我們也只好在無力感中，繼續努力著、盼望著，期待會有一絲亮光終能透進無光的隧道。

一個禮拜後，她回來了。她獨自進入診間，對我點頭微笑，表情看起來已經比上週放鬆許多，讓我忐忑的心稍微鬆懈下來。不過我知道，眼前還有一大段路要走，可能也是顛簸難行，就陪伴她一起緩步前進吧！

當無力感持續累積，生活也會變得黯淡無光。在這樣的時候，我也只能讓日子緩緩地推移前進，工作、家庭、孩子……不能停下腳步，試著在這裡面重新找回顏色和自己熟悉的步調。繽紛多彩的烤蔬菜，能點亮黯淡的生活嗎？

咪豆栗醫師悄悄話

文化的差異，經常會造成誤會，而語言的隔閡，更容易使人感到孤立無援。你身邊也有遠從他鄉而來的朋友家人嗎？他們是否也在煩惱、掙扎著？聽聽他們說話，即使無法完全理解，但關心的態度，會讓孤單的他們備感溫暖！

材料

白花椰菜半顆、綠花椰菜半顆、玉米筍 5 支、紅蘿蔔 1 段（5 公分長）、洋蔥半顆、橄欖油 2 大匙、鹽 ¼ 小匙、黑胡椒少許

作法

①烤箱先以 200 度預熱。花椰菜切小塊、洗淨後用削皮刀削去外層纖維較厚的皮。玉米筍洗淨，斜切長段。紅蘿蔔去皮後切成 3 公釐厚度片狀。洋蔥切大片。

②將處理好的「白」花椰菜、玉米筍、紅蘿蔔、洋蔥同置一大碗中，加入橄欖油、鹽、黑胡椒，整體拌勻後放入烤盤。

③將②放入預熱好的烤箱中，烤約 25 分鐘。

④將「綠」花椰菜放入滾水中燙約 3 分鐘，瀝乾水分備用。

⑤烤箱剩餘最後 5 分鐘時，將水煮過的綠花椰菜放入同烤。烤好後即可上桌。

Tips

- 綠花椰菜不耐久烤，所以先以水煮過，再入烤箱短暫烤一下，才不會發黃變色。
- ②除了基本的油、鹽、黑胡椒，也能使用咖哩粉、紅椒粉或喜歡的西式乾香草調味。

馬鈴薯燉肉

極具魅力的優雅料理

對我來說，優雅是一種心境、一種生活態度，而不是單指外表或舉手投足的姿態，當內在沉穩閑靜，外在就能表現出優雅寬厚的氣度……

經常接觸日本料理食譜，或是喜歡日本家庭料理的人，應該對栗原晴美都不陌生。栗原晴美原本是家庭主婦，因緣際會開始在料理節目中教學；之後出版食譜且翻譯成許多語言的版本，全球暢銷，對推廣日式家庭料理極有貢獻，在歐美也頗具知名度。她還自創了廚房用品的同名品牌及每月發行的雜誌，可以說是日本最知名的家庭主婦。

如果看過她的料理節目，應該也會對她留下深刻印象。已經六十幾歲的栗原晴美，在鏡頭前看起來還是年輕、充滿活力；她的聲音輕柔，做菜俐落優雅，沒有多餘的步驟，行雲流水地完成每一道料理。菜色的擺盤也相當簡單清爽，走居家手感路線，並不特別強調華麗浮誇，實在是我輩主婦不能不仿效的偶像啊！

自己在廚房玩耍了幾年，當然也愈來愈熟練，只是離我心中優雅地完成料理還是有一段距離，尤其如果菜色較多，或步驟較複雜時，仍免不了手忙腳亂一番。不過慢慢地，我也發現，做料理當下的心情，相當程度左右了最後成品的味道。就算是一樣的食材、手法，在情緒煩躁的時候做出來的菜，嘗起來就是會有那麼一點的不對勁。也許是火候，也許是流暢度，也可能是調味料的份量，因為思緒不夠集中而造成的些微失準。要能像栗原晴美那樣優雅地完成每一道菜，除了對菜色的熟稔，平靜的心情我想也是不可或缺的吧。

享有生活的態度

前陣子才跟朋友討論了優雅這件事。面對每天的俗事煩擾，來自工作、來自家庭、來自人際交往，心情很難不受影響。當急躁煩悶時，我們真能時時保持優雅嗎？不過也許，困住我們的不是這些俗事，而是我們自己的心吧。對我來說，優雅是一種心境、一種生活態度，而不是單指外表或舉手投足的姿態，當內在沉穩閑靜時，外在也就能表現出優雅寬厚的氣度。

能優雅地過生活，就代表著心緒清朗堅定，不輕易受外界擾動，能依著自己的想法和步調過日子。那是一種即使在傾盆大雨下，仍然能輕快地旋轉起水花等待雨停的氣勢；即使有那麼一瞬間咒罵起惱人的暴雨，也能很快地整理好自己的心情，撐著傘、穿起雨鞋去面對。我期許自己也能往更堅定、更優雅的方向前進。

琢磨出自己的美味

這一道馬鈴薯燉肉，作法出自栗原晴美的家常菜食譜，我再依自家習慣的口味做了一些調味上的變動。它比較特別的地方是，一般常見的馬鈴薯燉肉食譜，是從炒洋蔥開始做起，但栗原晴美是從炒馬鈴薯開始，待馬鈴薯炒得邊角透明，稍微軟化後，才加入其他食材。我自己感覺這個作法能讓馬鈴薯更入味，所以後來都採用這個作法。另外，燉煮時用的湯汁也不宜過多，切忌湯湯水水，以最後能接近收乾為最佳，這樣味道才會更濃縮也更濃郁。

以前我並沒有特別喜愛馬鈴薯燉肉這一道菜，總覺得有點單調無聊。但自從某次看美食節目，將食材從豬肉改用牛肉後，覺得美味程度大為提升。後來再用了栗原晴美的作法，才發現跟我最一開始做的簡直是天壤之別。同樣的一道菜，調味料也相去不遠，成品的結果卻有如此大的差異，想來也是主婦們在廚房兢兢業業，不斷求進步，而琢磨出來的結果。雖然是家庭料理，卻一點也不含糊呢！

馬鈴薯燉肉的備料不多，步驟也簡單，少少幾樣食材卻能結合成極具魅力的一道料理，是不是也很優雅呢？

咪豆粟醫師悄悄話

優雅、勤勉和真誠，是我對自己的期許，希望能一直以這樣的態度面對自己和生活。你有自己的座右銘嗎？有一個你很想仿效的偶像嗎？找出你真正信仰服膺的核心價值，然後，努力地實踐吧！

材料

馬鈴薯 400 克、牛肉火鍋片 200 克、洋蔥 1 顆、柴魚高湯 200 毫升、醬油 2 大匙、味醂 2 大匙、清酒 1 大匙、砂糖 2 大匙

作法

①馬鈴薯、洋蔥切大塊。柴魚高湯先與其他調味料混合備用。

②熱油鍋，下馬鈴薯炒至邊緣透明，再下洋蔥，炒至有香氣出來。

③下牛肉，盡量平鋪在鍋內。

④倒入柴魚高湯及調味醬汁，煮滾後加蓋煮至馬鈴薯熟爛。

⑤煮至滷汁幾乎收乾後熄火，再靜置片刻使馬鈴薯入味即完成。

Tips

- ④使用的鍋蓋是「落蓋」，當用比較少量的滷汁滾煮時，用落蓋可以幫助滷汁滾沸後滴落食材表面，幫助入味，也可避免食材滾動而碎裂。

薑汁燒肉

不需要犧牲的喜愛口味

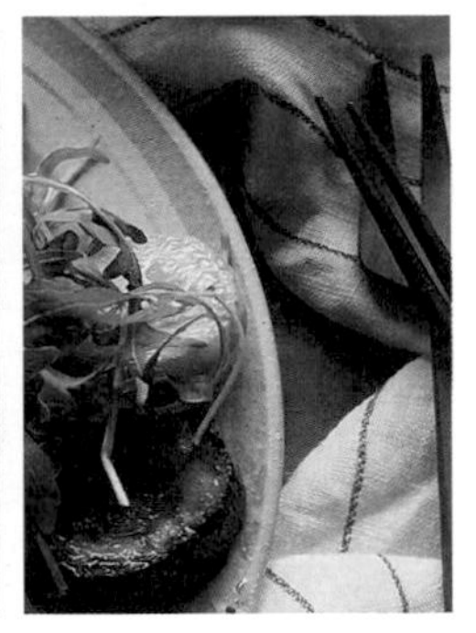

對孩子來說，比起每天焦慮忙碌著準備三餐、把生活照顧得無微不至的母親，一個快樂開心、包容支持的母親可能才是更重要的吧……

幾天前跟一個朋友碰面，她是個獨立有想法的女生，工作上的表現也很亮眼，生了第二胎後，她離開工作，專心陪伴兩個孩子成長，而她也一直稱職地扮演著溫柔媽媽的角色。但那天見面時，她告訴我，其實她這一、兩年過得並不開心，雖然陪伴孩子是她思考過後的選擇，她並不後悔，但全職母親的生活忙碌卻難有成就感，她甚至開始懷疑起自己的存在價值了。

前陣子她決定重新回到職場，一方面是老二的年紀可以上學了；而另一方面，她希望孩子能有一個自信開朗的媽媽。我想起吳明益老師的小說《單車失竊記》裡，主角是這樣描述他母親的：「她是我認識的人裡面，最常自我評價的人，而她對自己人生最核心的評價就是——她為這個家做了極大的『犧牲』。隱藏在這句話背後的祈使句是，我們必得要同等量地愛她、關心她。許久之後我才約略懂得，我的母親口中『犧牲等於愛』，這是她一輩子教會我的最深沉、最嚴肅，也最隱晦難解的等式。」

這樣的母親形象是不是很熟悉呢？我們身邊總有那麼一、兩位為了家庭犧牲奉獻自己的母親，這樣的母親讓人敬佩感謝，但這樣的母親也讓人備感壓力。她們的愛太沉重，孩子難以承擔，也無力回報。

找回快樂的自我

自己有了小子以後這幾年，我也一直在母親和自我之間拉扯，始終沒找到一個良好的平衡點。為了陪伴孩子，自己很想參與的活動，幾乎都必須捨棄；但當真的得空去放空自己，又會有了罪惡感，想著幫忙照顧小子的老父老母會否太勞累？小子有沒有哭鬧找媽媽？總是無法兩全其美。那天跟朋友聊到了這樣的內心掙扎，她也頗有同感。因為孩子、家庭而失去自我，這樣的生活並不快樂。為孩子付出，我們責無旁貸，但我們的人生並不只有母親這一個角色，我們同時還是妻子、女兒，也還是我們自己。

我後來也一直在學習，當我面對孩子變得失去耐心的時候，就是我該放下無謂的堅持，好好休息的時候了。我會暫停煮食、放任滿地雜亂的玩具，允許自己發懶幾天，等待能量恢復。對孩子來說，比起每天焦慮忙碌著準備三餐、把生活照顧得無微不至的母親，一個快樂開心、包容支持的母親可能才是更重要的吧！

而我也在等待著，當小子慢慢成長，他的生活重心將會從爸媽身上，移轉到學校、老師、同學、朋友，能完整屬於我個人的時間也會逐漸增加；到了那個時候，我就不再需要掙扎拉扯。在真正的愛裡，沒有人是需要犧牲的。

那麼，來做菜吧。這一道薑汁燒肉，也許薑味重，我家小子並沒有特別捧場，但因為我自己很愛，所以它還是經常出現在餐桌上。很多媽媽會因為顧慮到家人的口味，總是特別做孩子喜歡的菜色。不過在照顧孩子、家人之餘，可也別忽略了自己的喜好啊！

咪豆票醫師悄悄話

每個人在這個社會上的角色都是多元的，而我們也不可能在每個角色都扮演得完美無缺。當某一方的比重多了些，就代表其他方面的比重必需減少，否則只是壓榨了自己的心力、時間，去滿足所有的期待。妳是超人媽媽，還是快樂媽媽呢？

薑汁燒肉

材料

豬肉燒烤片 300 克

調味醬汁（先調勻備用）

薑泥 1 大匙、醬油 2 大匙、味醂 2 大匙、清酒 1 大匙、砂糖 1 小匙

作法

①熱油鍋，將豬肉片煎至兩面上色。

②將調味醬汁倒入鍋內，讓豬肉均勻沾裹醬汁，待醬汁收濃稠後即可盛盤上桌。

Tips

- 我通常使用梅花肉，比較不乾柴，而且建議選擇稍有厚度的燒烤片，而不是薄薄的火鍋肉片，吃起來口感較好，也不容易煮過熟。

照燒漢堡排

另一半喜愛的口味

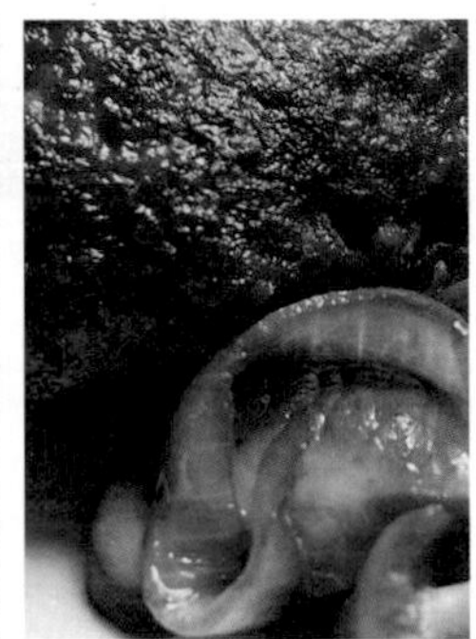

「從那一天以後，我就覺得兩個人應該已經回不去從前了。」就像雨要下來前，會聞到淡淡的溽濕的土壤青草味一樣，她也嗅出了兩個人關係微妙的變化……

她總是穿著一襲花色優美的裙裝，妝容淡麗，淺笑優雅。一開始她來，談著她的工作、時差，還有偶爾發生的失眠，她的失眠並不嚴重，只是為了隔天必須有精神地面對一整天的工作，需要依賴一點點低劑量的鎮定藥物。後來跟她慢慢熟稔，她也開始談起她的婚姻和生活。

她跟先生是同期進公司的同事，就像一般的辦公室戀情，因為工作領域和生活興趣相近，從點頭之交逐漸進展成男女朋友。兩個人相處起來很輕鬆愉快，於是就認定了彼此，走向婚姻這個結果。不生孩子是他們婚前的共識，這個想法也沒遭遇太大的家族壓力，婚後生活也就這樣平平順順地過下去了。她本來以為，應該就是這樣，兩個人一起慢慢變老。

婚後第二年，她離開了熟悉的金融業，跟朋友合作經營起服飾精品店，而先生就留在原公司隨著年資慢慢升遷。因為她跟朋友的選貨眼光獨到，精品店的生意愈來愈有起色；但因為工作型態，她經常得搭機往來歐洲和日本，時差跟失眠開始困擾起她。「其實這也不是什麼大問題，反正就兩、三個月調一次，幾天就好了。」比較困擾她的是，她發覺跟先生之間的共通話題逐漸減少。

感受到無形的牆

她跟過去職場上的同事，起先還維持著淡淡的互動；但隨著生意忙碌，她的朋友圈也有了變化。先生還是像以前一樣，會抱怨著同樣幾位難搞的主管、個性刁鑽的同事，但她發現她不再想參與這些話題，甚至覺得無趣費時。而先生也對她經常絮絮聒聒說著的國外見聞、客人樣態、表演、電影這些話題都難起共鳴。兩人以前有的一些共同興趣，像是出遊、攝影，也都因為雙方工作型態的差異，在時間上很難再互相配合。

「距離感」，她說。她在自己跟先生之間感受到一堵隱形的牆。她跨不過去，而且似乎，也沒有特別想跨過去。「什麼時候開始覺得兩個人很難再有交集呢？」我開口問她。有的時候，關係的變化像是山崩、雪崩一樣，一夕變色；更多時候，關係的變化是很多細小的事物累積，一開始很難察覺，但有些敏感的人，會在某個時間點觀察到彼此正走向不同的人生叉路。

走向不同的路

「上個月我們兩個好不容易一起排了假去東京玩。我以前就喜歡逛一些有趣的選物店，現在因為工作的關係，我還特地安排了好幾間店要去朝聖。」她並沒有因為滿足自己的喜好而忽略先生，旅遊行程依然安排了一些先生指定的、適合攝影的景點。

「有一天，早上他拍照拍得很高興，吃了午餐後，我提議再坐幾站地鐵去找一家很有特色的小店，我也能進一些貨回自己的店裡賣。」她以為這只是一個稀鬆平常的提議，但先生不知為何，執拗地不肯配合。溝通到後來兩人都有些動怒，那天的行程就這樣草草結束了，而後面幾天互動的氣氛也變得尷尬。

「從那一天以後，我就覺得兩個人應該已經回不去從前了。」就像雨要下來前，會聞到淡淡的溽濕的土壤青草味一樣，她也嗅出了兩個人關係微妙的變化。「其實生活還是能過下去，我們一起生活這麼久了，該磨合的都磨完了。只是有時候該怎麼說呢……寂寞吧？雖然他在我身邊，但我還是覺得寂寞。沒有被了解的寂寞。我自己也會想，我是不是哪裡做錯了？我是不是要多聽他講話，多幫他罵罵那些主管？但我真的覺得這些話題都好浪費生命啊，而且他為什麼不多聽聽我講話呢？」我輕輕地回應她：「我想，也不是什麼對錯的問題吧，只是兩個人走向了不同的路。」她的鼻頭眼眶泛起一片紅。

開啟嶄新可能性

在人生的軌道上，我們可能在某段時間，跟某些人的軌道互相重疊。重疊的時候，我們一起分享、一起開心、一起生氣，也一起悲傷。重疊的時間有長有短，有些能走一輩子，有些則是註定逐漸走向歧路。但，已經分歧的軌道，有再重疊的可能嗎？

「剛剛這些話，妳覺得寂寞，覺得不被了解，覺得兩人之間有了距離感，今天晚上跟先生好好開口，讓他知道，也問問他的想法吧。」我說，她點了點頭。

不是指責，指責會引起防備；也不是自憐，關係的變化是雙方的責任，沒有誰應該處在卑微索討同情的角色。我們只需要原原本本地、真真誠誠地，將自己的脆弱、難過與擔心，讓我們身邊最親密的人知曉，並期待重新開啟一些可能性。也許努力過了，最後兩個人還是決定分道揚鑣，這無關對錯，只是人生的選擇。到了這一天我們也只能互相祝福，祝福彼此都往更適合自己的方向前進。

下了診回到家，我決定晚上就做一道老公最愛的照燒漢堡排。我常笑我老公的口味跟孩子的沒兩樣，偏愛酸酸甜甜的糖醋醬、照燒醬。而肉香橫溢、肉汁豐富的漢堡排，也是他常點的菜。吃飯的時候我來問問他，會不會覺得這段時間我太關注小子，而讓他覺得受到冷落呢？

咪豆栗醫師悄悄話

很多時候，我們把話藏在心裡，期待對方會主動發現。但沒有人可以百分之百地了解另一個人。打開你心門的鑰匙，在你自己手上，而不在任何一個人的手上。所以，把你的感受、你的好惡、你的盼望，勇敢地說出口吧！

⑤洋蔥 b 切細絲，蒜頭切細末。美白菇、鴻喜菇掰開成小朵，香菇切薄片。

⑥熱油鍋，充分燒熱後，將漢堡排下鍋，煎至兩面上色後先盛起備用。

⑦以同一鍋，用煎漢堡排出來的油分，爆香洋蔥絲。

⑧下菇類，炒至菇類的水分蒸散。再下蒜末一起炒香。

⑨將漢堡排放回鍋內，倒入照燒醬汁，待煮滾後蓋鍋，悶煮約 5 分鐘，水分收乾即完成。

材料

A 漢堡排

牛絞肉 300 克、洋蔥 a 半顆（約 75 克）、麵包粉 3 大匙、牛奶 3 大匙、蛋黃 1 顆、鹽 ¼ 小匙、黑胡椒適量

B 照燒醬

醬油 3 大匙、清酒 3 大匙、味醂 2 大匙、糖 1 大匙、高湯（或清水）50 毫升

C 其他

洋蔥 b 半顆、蒜頭 2 瓣、美白菇半包、鴻喜菇半包、鮮香菇 4 朵

作法

①將洋蔥 a 切丁，熱油鍋後，以小火炒至焦化呈淺褐色。過程需不時翻攪，避免燒焦。

②取一深盆，放入牛絞肉、蛋黃，攪拌均勻。

③將麵包粉泡牛奶，充份濕潤後，加入②中。①的焦化洋蔥，還有鹽、黑胡椒也一起加入，攪拌均勻至肉團產生黏性。可以再多拋摔幾次，讓肉的黏性更佳。

④將肉團分成 4 等分，整理成圓餅狀的漢堡排。

接下來只會用到 2 塊漢堡排，將剩下的肉團用保鮮膜分別包裹後可冷凍保存 1 ～ 2 週。

煎鮭魚佐蒜香奶油醬

為自己而做的一頓飯

在現實世界裡，不會因為一個吻就能讓沉睡百年的公主清醒。愛情的魔力並沒有這麼大。要能從沉睡中清醒，照見自己內心的光明與黑暗，了解自己的需要與不需要，這個過程無法倚靠任何人，只能夠靠自己一步一步地去完成……

那天，已經看診數個月的阿姨告訴我：「現在我已經有轉身離開的勇氣了。」我開心得好想站起來替她鼓掌。幾個月前，阿姨不是這個樣子的。她苦惱於先生的外遇，即便先生堅絕否認，但一些蛛絲馬跡還是讓她不由起疑。住在婆家的她，婆家人一致聯合，說她想太多，說她生病了，說她過得太輕鬆才有時間亂想。

幾次會談後，我慢慢拼湊出她生活的樣貌。她婚後一直是家庭主婦，時間精神都花在家庭，不只照顧先生、孩子，行動不便的婆婆也是她的責任，而強勢的大姑則會指導並挑剔她的一切行為。在她盡力地付出二、三十年後，發現先生的心已經不在家裡，不在她身邊。一開始她的情緒是崩潰的，不停地說著：「他怎麼可以這樣對我？」、「他知不知道我為這個家付出了多少？」每句話的主詞都是「他」。阿姨的世界，是以先生為中心運轉著的。

拿回人生主導權

看診初期，我確認過阿姨對婚姻存續的想法，了解在她的觀念中，家庭是需要「責任感」維持，而離婚，是件不光彩的事。即便與我自己的想法相左，我還是尊重她，畢竟在她成長的時空背景下，有一些價值是很難撼動的。於是後來的幾次看診，我不太跟她談婚姻、談責任、談夫妻溝通，我試著把焦點放在她自己身上。

妳自己想過什麼生活呢？妳有什麼興趣是過去犧牲掉，現在孩子都大了，可以試著找回來嗎？妳能好好表達妳的想法和情緒嗎？妳覺得不合理的時候，能和善堅定地拒絕對方嗎？試著把她的主詞，從「他」變成「我」，試著讓她拿回自己人生的主導權。

改變很緩慢，但持續累積前進。阿姨去上了一些課，交到新朋友，跟女兒一起規畫島內小旅行，跟久未聯絡的舊時姊妹重拾交情。雖然過程不總是那麼平順，強勢的大姑無法接受她的轉變，經常以親情、責任威脅，她也多次因為大姑刻薄的言語，在診間淚崩，不過她還是在女兒、好友的鼓勵下，堅定地往前走。她慢慢發現，先生的交友狀況，不再那麼困擾著她，她的生活不再需要事事以先生、婆家為第一考量。於是她的勇氣，就在每天那平凡重複，卻是為自己而活的日子中，逐漸地滋養出來了。

看見完整的自己

年輕時的我，還對愛情、白馬王子充滿憧憬與期待的時候，也相信一定會有一個「為了我而存在」的人。有了他，就能補足我人生一切的缺憾，能讓我過得更富足、喜悅，不過那終究是童話，在現實世界裡，不會因為一個吻就能讓沉睡百年的公主清醒。愛情的魔力並沒有這麼大。要能從沉睡中清醒，照見自己內心的光明與黑暗，了解自己的需要與不需要，這個過程沒辦法倚靠任何人，只能夠靠自己一步一步地去完成。

當我們能獨立照顧自己、愛自己，才能愛人，伴侶、親子、朋友皆然。我們能夠在關係中不委屈迎合，也不強勢要求，能讓自己和對方都感到舒適自在，且能一起並肩扶持。當關係不如預期，充滿怨懟與憤怒，而你試圖努力改變，卻發現只是獨角戲時，當然也能有離開的勇氣。因為我們自己就是一個完整的人，不需要倚靠任何人也能將人生過得精采美麗。阿姨還沒有下定決心離開或留在婚姻裡，我也不急著鼓勵或催促她。我相信現在的她，已經可以勇於做出對自己最好的決定。

你的人生，是為自己而活嗎？在工作、育兒、家庭之餘，有沒有好好照顧自己呢？生活中有沒有哪些時刻，只是為了你自己，而不是為了別人？一個人的時候，別忘記也要好好做一餐飯給自己吃！

咪豆栗醫師悄悄話

愛自己，並不只是表淺地用物質犒賞自己、滿足自己。我認為的愛自己，是你能珍視自己，看見自己的美好，並能勇敢捍衛自己、替自己發聲，不讓自己的人生被別人所掌控，這才是真正愛自己。

製作奶油醬：

①奶油放入鍋中融化至冒小泡泡。

②蒜末放入炒出香氣。

③倒入白酒，煮到液體剩約一半的量。

④倒入鮮奶油，煮到剩約 ⅓ ～ ½ 的量。

⑤放入巴西里、鹽、黑胡椒，攪拌均勻即可。

Tips

- 這是一個人的份量，因為量少，所以在料理過程很容易變焦變乾，需要一直顧著鍋子。可以將份量加倍以方便準備，沒用完的醬料需冷藏，3天內儘快用完。

材料

A 香煎鮭魚

鮭魚菲力 1 塊、鹽與黑胡椒適量、油 1 大匙

B 蒜香奶油醬

無鹽奶油 5 公克、蒜頭 1 瓣（切細末）、白酒 50 毫升、鮮奶油 25 毫升、巴西里適量（切碎）、鹽與黑胡椒適量

作法

煎鮭魚：

①鮭魚退冰後，用紙巾充分擦乾水分。

②均勻抹上鹽、黑胡椒，靜置約 10 分鐘。

如果擔心黏鍋，可以在下鍋前在表面抹一層薄薄的麵粉。

③取約 1 大匙油熱鍋。當鍋邊出現細細的、跟鍋面垂直的油紋，或開始微冒白煙，才是夠熱的溫度。建議使用不銹鋼鍋或鐵鍋，溫度才會足夠。

④將魚皮面朝下入鍋。這樣可以煎出恰恰的魚皮。

⑤不急著翻面，也不要一直用鍋鏟去翻動魚。觀察魚的外圍，魚肉會由下往上慢慢變熟變白，當變白的高度超過一半的時候，才是翻面的時機。

⑥翻面後，再煎到魚的外圍全部轉為白色即可。如果魚很厚很大塊，可以再多煎個 30 秒以確保熟度。

炒米粉

長存於記憶中的味道

如果有一天，我的大腦也萎縮空洞了，我還會殘存哪些記憶碎片呢？母親的味道，能喚回我空洞思緒下的一點點平靜和溫暖嗎……

前陣子聽朋友說起，她家中的長輩確定罹患了失智症。一開始長輩只是變得健忘，重複詢問相同的問題，家人覺得可能是老化造成的健忘，並不以為意。但慢慢地，長輩的日常生活自理能力也跟著逐步退化，還有了一些答非所問、迷路、行為紊亂、情緒不穩定等等症狀。在醫院做完一連串的詳細檢查後，終於確診是失智症。

朋友跟長輩的關係一向親密，童年時代的寒暑假都是在長輩的家中度過，泛黃的相片冊裡，滿滿是長輩抱著她、拉著她到各地遊玩的珍貴回憶。當她說起長輩現在經常叫錯她的名字，把她跟另一位表姐妹搞混，忍不住掉了幾滴眼淚。即使知道長輩是無心的，但發現自己正逐漸消失在長輩的記憶中，還是讓她難過得無法自已。她也很後悔自責，怎麼沒早點察覺到長輩的異常退化，也沒有多騰出一些時間，在長輩還記得她的時候，陪伴在長輩身邊。

終將靜默地遺忘

失智症的病程漫長，且無法期待復原、治癒，它伴隨著失能，還有遺忘。在疾病的初始，或許還能頑強地抵抗，拒絕承認自己正在快速退化，但不管怎麼奮力拚搏，還是會無可避免地節節敗退。最終遺忘了該怎麼洗澡、更衣、進食，遺忘了時間，遺忘了朋友，遺忘了家人，最後也遺忘了自己，在一片虛無中走向生命的結束。

失智症侵襲的也不止記憶，它還會改變一個人的人格、情緒，讓人失去理智，也失去判斷力；原本和善溫柔、條理清楚的長輩，可能會變得暴戾、難以溝通。隨著病程進展，混亂行為也會日漸增加，日夜顛倒、出門迷路，甚至可能出現幻覺妄想，變得多疑且無法信任家人。這個階段對照顧者來說往往是最辛苦的時候，除了身體的勞累，還有情緒上的疲憊失落。你會懷疑，眼前這個人是不是被置換了腦袋，為什麼不再是我熟悉數十年的那個家人，累積的無力感會把過去的愛幾乎消磨殆盡。

病程再持續下去，隨著腦部的退化加劇，那些混亂的行為逐漸消失，像暴風雨後波瀾不起的安靜海面，你稍微喘了一口氣，但這個時候的長輩也已混沌失能，無聲地等待死亡。你對他的愛、恨、矛盾糾葛、千言萬語、未解的心結，也只能隨之靜默。所以，我一直覺得失智症是很哀傷的一種病啊！

不忘美好回憶

即使我在醫院看過再多失智患者，但他們並不是朝夕相處的親密家人。我不知道該怎麼安慰朋友，因為她以後要面對的這一切真的很辛苦。我不敢說，我能懂得我朋友的哀傷多少。我就靜靜地陪伴她吧，然後提醒她照顧好自己，提醒她那些美好珍貴的回憶，一直都存在，從來沒有消失。

如果有一天，我的大腦也萎縮空洞了，我還會殘存哪些記憶碎片呢？我還會記得小子多少事情呢？也許只剩下他的幼時模樣，肥嫩的小手、調皮的笑臉，在我身上黏膩地撒嬌著。比較鮮明的，或許是我自己的童年記憶吧。深色的磨石子地板、母親飛揚的花色裙襬、水光粼粼的幼稚園泳池、叮叮咚咚的鋼琴聲、發黃紙頁的蟲蛀味，然後，還有食物吧。食物或許是我與過往最重要的連結。

醬油鹹香的滷肉、九層塔濃烈的三杯雞、還有炒米粉裡面，被熱油爆過的酥香紅蔥頭。母親的味道，能喚回我空洞思緒下的一點點平靜和溫暖嗎？能撫平我的躁動、猜疑、幻想，讓我回到香氣瀰漫的廚房，拉著媽媽的圍裙，被關愛、被保護著，什麼都無需擔心的過往嗎？

咪豆栗醫師悄悄話

老化雖然也會伴隨著記憶力退化，但並不至於引起情緒失控、人格改變，也不會嚴重影響到日常生活能力。如果覺得家中長輩的退化太快也太顯著，還是帶著去好好徹底檢查，以及早治療及因應。

⑤放入香菇，拌炒至爆出香味。

⑥放入豬肉絲，待底面熟後再翻面，與其他配料拌炒均勻。

⑦放入蝦仁，待底面變色後再翻面，與其他配料拌炒均勻。

⑧放入高麗菜絲及紅蘿蔔絲，拌炒至葉片稍微軟化。

⑨放入高湯及醬油 1 大匙，蓋鍋悶煮 5 分鐘。

⑩將③的蔥頭酥及剛剛燙過、悶過的米粉剪短，放入鍋中拌炒均勻。

⑪放入蔥段拌炒即完成。可試鹹淡，太淡則再以鹽調味。

份量（兩人份）

材料

A 炒料

豬肉絲 75 克、蝦仁 12 隻、乾香菇 3 朵（泡開備用）、高麗菜 4 ～ 5 葉、紅蘿蔔 1 小段（約 15 公克）、洋蔥半顆（約 60 克）、紅蔥頭 4 ～ 5 瓣、青蔥 2 支、高湯 120 毫升、醬油 2 大匙、油 1 大匙、米粉 100 克

B 豬肉醃料

醬油 1 小匙、米酒 1 小匙

C 蝦仁醃料

米酒適量、鹽少許、薑片 2 小片

作法

①洋蔥切細絲，紅蔥頭切薄片，泡開的乾香菇切絲，紅蘿蔔切細絲。高麗菜撕成小片。青蔥切長段。豬肉及蝦仁分別放入醃料，醃至少 10 分鐘。

②燒開一鍋水，水中加入 1 大匙醬油及 1 大匙油，將米粉放入滾煮約 1 分鐘。煮軟後將米粉撈出瀝乾水分，再放回鍋中蓋上鍋蓋續燜。

③熱油鍋，將紅蔥頭放入以中小火爆出香味。接著將爆香後的蔥頭酥取出備用。

④放入洋蔥，拌炒至軟化。

熱巧克力

給女孩的一杯溫暖療癒

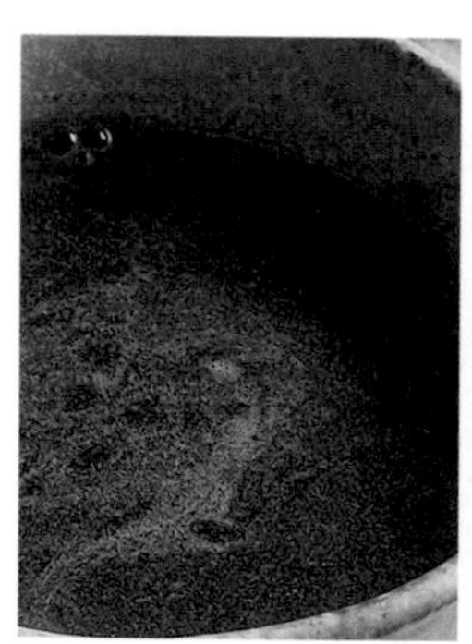

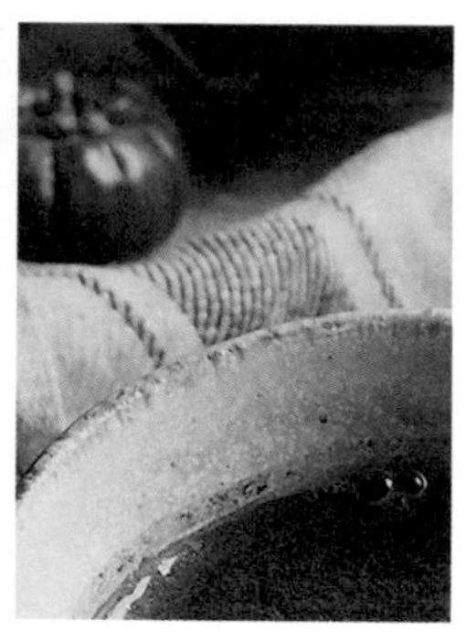

「妳想對妳心中的小女孩說些什麼呢？」我輕聲問她。「妳沒有做錯任何事。」她掉下了幾滴碩大晶瑩的眼淚這樣回答。「抱抱她吧。」我說。她點點頭，淚光裡有抹淺淺的微笑……

她垂下臉，絞著手指，淡淡地說起那一段她不想再回憶起的往事。因為身材的關係，國中剛入學她就被男同學起了一個難聽的綽號。剛開始只有幾個男同學這樣叫她，但愈來愈多同學加入，後來跟她最要好的女生朋友也開始疏遠她。她在班上似乎隱形了，分組活動不會有人找她，下課後也是獨自一個人。如果只是這樣她覺得她還承受得住。但慢慢地，她抽屜裡有了一些發霉的食物，或是發臭的垃圾，有時還有辱罵字眼的小紙片。她的課本會無故缺頁，或出現難堪的塗鴉；她知道是哪個同學主使這一切，但她也只能默默地將她的抽屜清理乾淨。

「老師，或妳的父母知道嗎？」她搖搖頭，「他們很忙，而且就算知道了，也只會罵我不跟同學好好相處吧？」於是這個情況持續了三年，直到上了高中、換了學校才停止。溫和善良的她，高中以後有了幾個好朋友，但她心底始終無法再信任別人。

看見心中的女孩

「我很害怕，會不會哪一天她們也突然不理我？或開始說我的壞話……」、「國中那些事情我對她們說不出口。怕萬一她們知道了，也會覺得我很爛，不想再跟我當朋友怎麼辦？」、「有時候會做惡夢，我一個人站在操場中間，學校沒有人，同學都不知道消失去哪了，我大聲喊叫，也沒人理我，然後我就嚇醒了。」這個傷痛跟著她好幾年，每到一個新環境，她就再一次陷入焦慮恐慌，她無法相信人，在人群裡總是敏感多疑、難以放鬆。她一直在問自己，我怎麼了？我到底做錯了什麼？

「妳有看到妳心裡那個小女孩嗎？」我問她。小女孩躲在黑暗的角落，怕被聽見似地，小小聲地啜泣著。她的背影看起來好孤單，沒有人關心她嗎？沒有人在乎她發生什麼事嗎？她怎麼會這麼傷心呢？她可能被同學塗鴉撕毀了作業簿，被朋友排擠說了閒話，被老師誤會而遭受處罰，被爸媽否定責罵，或受到大人很糟糕地對待。她不知道在這個世界上，還能相信誰？還有誰真正理解她？她的存在是不是造成了困擾？她消失的話是不是比較好？於是她哭了，孤單無聲地哭著。她的心裡空了好大一個洞，像黑洞一樣，她整個人都要被吸進去。哭泣無聲，悲傷無聲，憤怒也無聲。

離開黑暗，回到光裡

她一直住在妳心裡嗎？她是不是未曾從黑暗的角落離開

過？這些年，妳用了好多方法，想忘記這個傷心的小女孩。妳換了環境，妳交了新朋友，妳認真工作，妳獨立積極地過生活，妳對未來安排了許多計畫，妳覺得現在的妳與過去已經沒有任何相關。但總會有那麼些時候，脆弱的時候、寂寞的時候，或是不順遂的時候，小女孩又會從角落出現，默默地流著眼淚。

妳害怕她出現嗎？不，妳別害怕，也別抗拒，更不要閃躲。妳停下腳步，好好地看看她，她就是妳啊！她就是尚未痊癒的妳啊！她帶著傷，住在妳的心裡面。她並不想被粗魯地遺忘，她真正渴望的是被理解以及被愛，愛才能讓她離開黑暗，回到陽光下。

「妳想對妳心中的小女孩說些什麼呢？」我輕聲問她。

「妳沒有做錯任何事。」她掉下了幾滴碩大晶瑩的眼淚這樣回答。「抱抱她吧。」我說。她點點頭，而淚光裡有抹淺淺的微笑。

熱巧克力，給大女孩，也給心中的小女孩。

咪豆栗醫師悄悄話

沒有人可以這樣粗魯無禮地對待另一個人。我們不需要忍受。站起來離開，說你不喜歡，告訴自己我沒有做錯任何事。而旁觀者的沉默，也只會助長惡行。如果你是旁觀者，問問你自己，你心中美好的價值是什麼？我們是不是該勇敢捍衛它？

熱巧克力

材料

鮮奶 300 毫升、可可粉 20 克、70% 鈕釦巧克力 2 枚、君度橙酒 1 大匙、黑糖 2 ～ 3 大匙

作法

①可可粉與鮮奶混合，攪拌至大致均勻、無塊狀粉末。

②將①放到瓦斯爐上，一邊加熱一邊攪拌至可可粉完全溶解。

③放入黑糖、君度橙酒，攪拌均勻，整體煮到微冒煙即可，不需沸騰。

④離開火源，放入鈕釦巧克力，攪拌至巧克力融化即完成。

EAU
700 ML

白巧克力蔓越莓餅乾

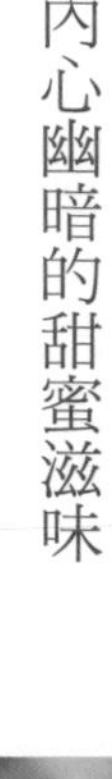

照亮內心幽暗的甜蜜滋味

與孩子的連結互動間，他小小的回應都能帶給我很大的喜悅和滿足。今天下班回家以後，就烤一盤餅乾給小子吧。看著他甜膩的笑臉、開心地吃餅乾的模樣，再大的疲憊也都能夠被撫慰……

十九歲的她，青春正盛。剛升上大學，還享受著以往沒有過的自由精采。然而生活一夕變色，因為一場意外，她失去了親愛的阿嬤和陪伴她長大的老狗；父母雖然安好，但幾度出入醫院病房，家也變得分崩動盪。

家庭巨變後，我遇見她。還記得第一次見到她，面龐清秀，但兩頰凹陷，雙眼滿是不屬於她這個年紀的疲態，年輕女孩流行的oversize衣服，在她身上更顯寬大不合身，「這兩個月我瘦了快十公斤」，她說。我們談起她的情緒狀況，慢慢地，也談她的悲傷後悔，談她對阿嬤和老狗的回憶、對爸媽身體狀況的擔憂。她的情緒在一段時間後好轉穩定，所以後來我們也會聊聊她喜愛的文學小說和作家。她是個聰明的女孩，我很喜歡每次跟她見面談話的時間。

尋找人生意義

有一天，女孩問我：「存在的意義是什麼呢？」我回問她，想聽聽她的想法，也想知道是什麼事在她心裡騷動著。她說，每天這樣過日子，平平順順的，但人好像一下子就會沒了，不知道活著究竟是為了什麼？現在好像是為了爸媽，但如果爸媽也走掉了，自己是不是也沒有活著的必要了？

我沒有把握能好好回答她，但我想起在日本榮格心理學大師河合隼雄的書裡看過的一段話：「所謂的青少年時期，就是自己本身的變化與社會的變化複雜糾纏在一起的時期。有些人的眼光專注於外在事物，最後成為了不起的大人；也有一些人的眼光專注於內在，致力於改變自己的內在世界，而這樣的人也能在不知不覺中，成為符合社會標準的大人。」河合隼雄講的是成為大人的過程，不過我想也能衍伸成尋找人生意義的過程。畢竟，成為成熟的大人，就意味著找到自己的定位、確認自己的價值觀，意義由此而生。

連結內外在

眼光專注於外的人，會尋求自己跟社會的連結，期許自己對他人的貢獻；而眼光專注於內的人，則期待能照見內心、滋養心靈並獲得成長。用文學作品來說，就像是村上龍與村上春樹兩位村上先生的對應。

村上龍的眼光專注於外，他的作品有很強烈的社會性，也跟真實世界密切聯繫著，諸如《希望之國》、《最後家族》等等。而村上春樹的作品則是往自己的內心、意識最底層探尋，不論光明黑暗，豐盈殘破，那都是你自己，最代表性的作品應該是《世界末日與冷酷異境》還有《發條鳥年代記》。而內在、外在並非獨立存在，是相互依存，且互為影響的，端看個人擅長從哪一方面著手。

更加勇敢堅定

女孩陷入深思。當外部的連結斷落時，你的內在還支撐得了你活下去的勇氣嗎？如果深愛的親人都不在了，存在的意義究竟是什麼呢？「我有自己想過的生活、想去看看的地方，也有很多想嘗試的事情。雖然我不知道能不能順利，但我會努力試試看。」再下次見面，她告訴我她的答案。我知道，她已經回到她的人生軌道，也走得比之前更勇敢堅定。

至於問我，我存在的意義是什麼呢？現在的我，不論內外在，最強大的意義都是孩子吧。孩子總是能照亮我內心的幽黯，陪伴著他成長，我也同時經驗著審視和反思自己的過程。與孩子的連結互動間，他小小的回應都能帶給我很大的喜悅和滿足。今天下班回家以後，就烤一盤餅乾給小子吧。看著他甜膩的笑臉、開心地吃餅乾的模樣，再大的疲憊也都能夠被撫慰。

咪豆栗醫師悄悄話

存在意義的追尋，是一個嚴肅的人生課題，我們沒有辦法很簡單地在短時間內就找到自己的答案，而答案也可能隨著年齡和環境而有所變動。但只要開始啟程尋找，意義已然產生。

白巧克力蔓越莓燕麥餅乾

材料

無鹽奶油 100 克、糖 80 克、鹽 ¼ 小匙、全蛋 1 顆、低筋麵粉 150 克、泡打粉 1 小匙、蔓越莓 80 克、白巧克力 80 克、大燕麥片 80 克

作法

①將蔓越莓、白巧克力切成小塊。
②烤箱預熱 170 度。奶油切小塊，放置室溫下使軟化。
③用電動打蛋器打發奶油，打至奶油顏色變白、呈絨毛狀。
④放入糖、鹽，攪拌均勻。
⑤全蛋打散，分 3 ～ 4 次加入，攪拌均勻。
⑥將低筋麵粉和泡打粉混合過篩，分 2 ～ 3 次加入，攪拌均勻。
⑦將蔓越莓、白巧克力、大燕麥片都加入⑥的麵團中，混合均勻。
⑧烤盤上墊烤盤紙。用小湯匙取出⑦的麵團，每一小團約直徑 3 公分球狀，放到烤盤上再壓平呈餅乾狀。
⑨將烤盤放入預熱完成的烤箱，烘烤 20 ～ 25 分鐘，取出至散熱架放涼即完成。

Tips

- 這個作法的餅乾是偏紮實的 scone 口感，我個人比較偏愛這種餅乾。
- 白巧克力在烘烤時，油脂會融入餅乾中增加風味。
- 大燕麥片可以用核果代替，稍微切細再使用就可以。

草莓鮮奶油蛋糕

無敵撫慰人心的療癒蛋糕

對許多人來說，占了超過一天三分之一時間的工作，只是為了賺取生活所需的勞心勞力，沒辦法再有其他的收穫。但工作造成的精神、體力耗損，還有日常生活累積的大小壓力，又該何去何從呢……

有時候，我會花時間煮一道大菜。我老公不太能理解，他常跟我說，不是很累了，放假怎麼不好好休息，還在廚房忙這麼久？的確，煮大菜費時也費力，備料多，步驟又繁瑣且環環相扣，其中一步出了錯，都可能影響到成品的結果。輕則味道失準、外觀不佳，重則只有打掉重練一途。

當決定要做一道大菜，我必須事先把食譜讀熟，在腦中把所有步驟演練過一遍。有時候作者習慣的處理順序與我不同，我也會預先調整記錄。當開始洗料、切料、備料後，也要時時確認食譜的細節和份量。因為大菜不像家常菜，一年可能只有出場一、兩次，主婦對作法一定不熟悉，好好地按照食譜製作才能避免出錯。

於是做菜的過程，我得保持專注，把心緒集中在眼前的食材，不能有太多雜念。如果還一直想著明天的工作、未完成的報告、沒洗的衣服、小子的鼻涕，那只會讓結果變成一場災難。通常在這樣摒除雜念之後，雖然身體勞動著，但心裡累積的一些烏煙瘴氣卻會在勞動中慢慢消散，心情會變得輕鬆，而且因為專注，成品也不會出太大意外。順利完成一件事的成就感，有時候甚至超乎預期！

紓解承受壓力的心

看診的時候，我習慣詢問個案們，生活中有什麼事情，會讓你覺得開心、放鬆或是有成就感的呢？大多時候，我得到的答案是否定的。大家會說，工作已經很忙了，實在沒有多餘的心情和空閒做什麼事。那工作能帶來成就感嗎？大部分的答案也都是否定的。對許多人來說，占了超過一天三分之一時間的工作，只是為了賺取生活所需的勞心勞力，沒辦法再有其他的收穫。但工作造成的精神、體力耗損，還有日常生活累積的大小壓力，又該何去何從呢？

我們的成長過程，很可惜地，幾乎只有偏重在知識、技能的學習上，沒有人跟我們好好地討論過該如何去表達並調適自己的心情；也沒有人教導過我們，該如何從生活上去找尋安頓情緒的方法。個案們會反問我，那我該做什麼才能紓解壓力呢？我無法回答，畢竟它沒有標準答案，可以是運動或是園藝；也可以是美術、書法、攝影、旅行等等。人生，本來就不會有標準答案，你就是自己的答案啊！

所以對我來說，花時間做菜除了胃口的飽足，還同時有心情的修復和療癒作用。就算不做大菜，只是煎顆半熟荷包蛋來吃，都能讓當機的腦袋恢復運轉，讓心情平靜得到撫慰。即使偶有搞砸的時候，我還是喜歡讓烹飪在我生活中占一個極大的位置。大家也試著找出自己的答案吧！

好的，那就來挑戰一個步驟有點複雜，但成品無敵撫慰人心的草莓鮮奶油蛋糕吧！

咪豆粟醫師悄悄話

生活無可避免地，一定會有一些負面的壓力產生。如果讓它持續累積，將會導致我們負擔過重、身心失衡。所以我們同時需要一些能帶來積極、開心、滿足的正能量，來抵消掉累積的負能量，重新達到平衡的狀態。好好找到你的正能量吧！

Come

可以舉起打蛋器讓蛋糊落下，打發程度夠的話，打蛋器上的蛋糊落下時不會馬上沉落至蛋液中，可以摺疊成緞帶狀。

⑤將過篩過的麵粉拌入④中，攪拌均勻至無粉末顆粒。

⑥將融化的奶油倒入⑤，仔細攪拌均勻。

⑦將⑥倒入蛋糕模，放進預熱好的烤箱烘烤約 35 分鐘，完成後取出脫模放涼，即為海綿蛋糕體的部分。

準備酒糖水、香緹鮮奶油和切草莓：

①酒糖水的材料混合均勻，稍微加熱使糖溶化即可。

②將香緹鮮奶油的材料全部放入鋼盆內，高速打發至鮮奶油呈堅挺狀。

③草莓切成 5 公釐厚度的薄片

組合蛋糕：

①將海綿蛋糕均勻切成 3 等分薄片。我會先用竹籤在蛋糕上做記號，再用麵包刀沿著表面淺淺地劃一圈確定下刀位置才下刀，這樣切基本上不會出什麼大錯，厚度都可以很均勻。

②在切開的海綿蛋糕「內面」（沒有烤色的那一面）都用毛刷塗上酒糖水。

③依「海綿蛋糕→鮮奶油→草莓→鮮奶油」的順序一層一層疊上去，再將鮮奶油於蛋糕頂部、側邊做最後裝飾。

如果有專門抹鮮奶油的轉盤當然很方便，我是放在圓盤上，一邊自己轉動盤子一邊抹，其實也是 ok 的，沒有一定需要轉盤哦！

④最後再用草莓和自己喜歡的任何東西做裝飾即完成。

材料

A 海綿蛋糕（6 吋模）

全蛋 2 顆、砂糖 60 克、蜂蜜 15 克、低筋麵粉 60 克、無鹽奶油 15 克

B 香緹鮮奶油

鮮奶油 300 毫升（乳脂肪含量至少 35%）、砂糖 30 克、蘭姆酒 1 大匙

C 水果

草莓（含裝飾用）15 顆，洗淨拭乾水分

D 酒糖水

水 50 毫升、砂糖 30 克、蘭姆酒 1 大匙

作法

先來烤蛋糕：

①事前準備：全蛋放至室溫退冰。蛋糕模墊烤盤紙。麵粉過篩 2 次備用。無鹽奶油用微波爐加熱融化。烤箱預熱至 170 度。

②燒一鍋水至冒煙程度後離火。

③全蛋 2 顆打入鋼盆，再加入砂糖攪拌均勻。將整個鋼盆放到②的熱水上（不直接接觸液面），把蛋液加熱至 40 度左右（手指放入測試感到微溫）。如果操作的時候天氣炎熱，加熱完成就可以將鋼盆離開熱水鍋，如果氣溫偏低，建議將鋼盆繼續置於熱水鍋上操作下列步驟。

④加入蜂蜜攪拌均勻後，打蛋器開高速打發蛋液。要判斷打發程度，

Chapter 3

為家人準備一桌溫馨好食

為了趕上人生的進度，我們持續加緊生活的腳步，
最熟悉的人，曾幾何時，不再快樂、不再傾訴。
準備一桌暖心美味，融解無聲增長的冰冷，
就用笑容與香氣，重新找回家庭的溫度。

義大利麵

用心才能感受的愛

孩子的心思細膩糾結，無法坦率表達，所以只好把愛裹藏在刺裡。刺是真實的，但愛也是真實的，只是需要妳用心地去理解孩子，並聽懂孩子……

青春期的孩子，急於破繭而出的姿態，讓母親不知所措。衝撞、反抗、否定，屢屢刺傷母親的自尊；挫折與無助累積，於是母親回以巴掌與叱責。習於威權的母親，這是她唯一熟悉的方法。敏感的孩子因此長成了刺蝟，無論關心或責備，溫柔或強硬；孩子除了尖刺，不再有任何回應。一開始尖刺對外，用最傷人的言語向著母親：「妳是壞媽媽，我恨妳，所以妳罵我、妳打我，我都無所謂了。」後來尖刺也對內，她自傷、自虐，做任何讓人心疼的舉動，用罪惡感燃燒母親。「我很糟糕，我壞掉了，而這一切是妳的責任」，尖刺是孩子唯一保護自己的方法。

雙方都在受苦。後悔自責的母親即使想和解，但任何言語、行動再也傳遞不出去，一點點的溫情，都會被回以火爆的話語；被尖刺包圍的孩子，內在卻是矛盾脆弱的，她渴望被理解與接納，可是長成刺蝟的她，沒辦法再坦然地接受任何溫柔的擁抱。

愛一直存在

不過，愛還是存在吧。母親數度流落的淚水已足夠證明。而孩子呢？如果不是巨大的愛，不會生出那麼巨大的恨。只是愛躲到哪裡去了呢？愛，很隱晦地躲在尖刺底下。

有一日深夜，以為孩子們都已熟睡之際，母親與父親在廚房低聲地談話著。承受著莫大壓力的母親情緒潰堤，終於對父親說出這些時日對自己身心狀況和對工作造成的影響；父親在旁默默聽著，低頭不語，刷洗杯盤的手沒有停歇。敏感的孩子早已察覺到房外的動靜，躲在廚房門口觀察著這一切。隔天，尖銳的話語這次不再向著母親，而是向著父親。

「你怎麼這麼糟糕，你老婆在哭你一點反應也沒有？」、「哪有這種男人？嫁給你有夠倒楣」、「看你們這樣，以後誰敢結婚，萬一又生出我這種小孩要怎麼辦？全家一起死一死算了。」聽著這一切，父親想反駁，想指責孩子才是始作俑者，卻也知道自己的確沒有扮演好太太的支柱，於是他無言，自尊被孩子的尖刺戳破了一個口。

讀懂表象背後的情感

只是，母親妳可有發現？在孩子帶刺的尖銳話語下，藏著的是對妳的愛與關心。她真正想告訴父親的是：「你應該要去安慰媽媽」、「都是我的錯，把家裡搞成這樣，我很自責」。母親妳聽懂了嗎？孩子的心思細膩糾結，無法坦率表達，所以只好把愛裹藏在刺裡。刺是真實的，但愛也是真實的，只是需要妳用心地去理解孩子，並聽懂孩子。我這樣告訴無助的母親，她啞然；她沒想過，原來孩子的心事層層纏繞如藤蔴。「怎麼就不直接把話說清楚呢？」可是，母親呀！那妳可曾也坦率地告訴孩子妳的挫折、妳的無助，還有妳的後悔？妳用憤怒掩蓋了真實的心情，孩子一樣摸不透媽媽的愛啊。

「真正重要的東西，是眼睛看不見的，只能用心去感受。」我想起《小王子》裡面我很喜歡的這一段話。說出口的言語只是表象，言語背後包裹的情感才是真正重要的東西。就像義大利麵，真正的靈魂是沾裹在麵條上的醬汁。沒有了多彩多姿的醬汁，再好的麵條也會顯得粗淡無趣。情感是言語的靈魂，你有嘗試著去讀懂嗎？

咪豆栗醫師悄悄話

你也因為家裡的刺蝟孩子而傷痕纍纍嗎？那多年累積下來的愛和情感，不會這麼容易消失。試著替孩子想想，現在是孩子最難熬的一段時間。雖然尖刺傷人，但他渴望的是有人幫他撫平尖刺，重新找回溫柔的自己。

本質簡單卻變化無窮——義大利麵

每家簡餐店幾乎都會有義大利麵的選項，甚至紅白青奶醬任挑，做義大利麵料理，看似簡單；但真正美味的義大利麵，其實也藏著一些眼睛看不到的重要細節！

麵條與醬料搭配

義大利麵不同於台式麵條，是用蛋白質含量高的杜蘭小麥製成；口感偏硬，所以不會有煮軟煮到入味這種事。義大利人追求的口感是Al dente，彈牙的意思，咀嚼時牙齒相當能感受到麵條的質地；也因為這個特性，醬汁味道再怎麼煮也不可能煮到麵條裡去，所以麵條形狀相當程度地決定了醬汁能否攀附到麵條上。外面餐廳常有很多不理想的義大利麵，醬汁水分含量過高，根本無法裹住麵條，吃起來醬是醬，麵是麵，味如嚼蠟實難入口。

選擇麵條的大原則是：愈扁平、面積愈大的麵條，愈適合濃稠的醬料；形狀複雜的（蝴蝶麵、貝殼麵、螺旋麵等），適合更濃稠的如奶醬類。有碎肉的如波隆納肉醬，一般不會跟細麵條搭配，因為肉末會滑落附不上去，所以波隆納肉醬會以蛋黃麵或寬扁麵為主，形狀中空可承載醬汁配料的也很理想；細長形的麵條，則適用於清炒或簡單的醬料，我通常會備直圓麵（Spaghetti）跟細扁麵（Linguine）在家中，偶爾想來點變化時，才會再特地買寬扁麵或者是蛋黃麵來使用。

使用高湯增加風味

另外，很多食譜都會建議，炒完配料後加入「煮麵水」，再放入燙過的麵條拌勻。的確，煮麵水是個方便的好選擇，裡頭也含澱粉，有助於醬汁裹上麵條；但幾次試驗結果，用高湯的成品口味，遠遠勝過煮麵水。畢竟高湯裡面濃縮了那麼多鮮味，豈是煮麵水可比擬？所以最後我還是放棄最方便的煮麵水，而選擇使用高湯。

我會常備雞高湯，如果有蝦子，用蝦頭就能煮成蝦高湯；有蛤蜊的話，先把蛤蜊加點蒜頭、香料炒過，再用水煮開就是蛤蜊高湯。若用到乾燥牛肝菌菇，泡菇水也可以跟高湯一起合併使用。使用高湯並沒有想像中那麼繁瑣麻煩，又能得到加倍的美味！

醬汁的調理要訣

最後是醬汁的乳化。麵條拌煮到最後要收汁，黏稠的醬汁才能達到裹住麵條、醬和麵一起入口的目的。有一些步驟可以幫助收汁，也就是「乳化」。通常這個步驟是加入奶脂含量高的食材來完成，如奶油、起司、鮮奶油；怕熱量太高，也可以加橄欖油。我會拌炒到最後還有一點醬汁時盛盤上桌，讓餘熱繼續工作，這樣實際進食的時候，才不會覺得醬汁過少、麵條太乾。

看似簡單快速就能上桌的義大利麵，是不是也有很多眼睛看不到的重要眉角呢？

香蔥辣椒天使麵

份量（一人份）

材料

蔥 2 支、蒜頭 2 瓣、辣椒半支、雞高湯 100 毫升、天使細麵 100 克、油 2 大匙、鹽與黑胡椒適量

作法

①青蔥切細，蔥白、蔥綠分開。蒜頭切末，與蔥白混合。辣椒切小段。

②約 2 大匙油入鍋，以小火先爆香蔥白、蒜末跟辣椒。

③爆香的同時，另煮開一鍋水，以 1 公升水：10 公克鹽：1 大匙油的比例放入鹽巴、油，下天使細麵煮至包裝袋建議的時間後，倒出瀝乾水分。

④在②的鍋子內，放入雞高湯煮開。

⑤將煮熟的天使細麵放入④中，下蔥綠，攪拌均勻後以鹽、黑胡椒調味。可再淋一些初榨橄欖油增添風味，並幫助醬汁乳化。

⑧放入瀝乾水分的麵條、茄子，拌炒均勻至湯汁濃稠後，再以鹽、黑胡椒調味即完成。

Tips

- 如果不想油炸處理茄子，可以先用橄欖油雙面煎香後，盛起備用，一樣最後麵條下鍋攪拌的時候再一起下鍋就好。
- 不易出水的蔬菜均適合，例如蘆筍、花椰菜等等；如果想放菇菇的話，可以先炒乾、盛起，最後再加入攪拌。

份量（兩人份）

材料

茄子半根、櫛瓜 1 根、小番茄 10 顆、玉米筍 4 根、西班牙辣腸（Chorizo）1 小段、蒜頭 4 瓣、紅辣椒 1 根、雞高湯 200 毫升、白酒 50 毫升、鹽與黑胡椒適量、細扁麵（Linguine）180 克、橄欖油 3 大匙

作法

①蒜頭切薄片，紅辣椒切小段，櫛瓜、玉米筍、番茄切小丁，西班牙辣腸切薄片。茄子切小塊，油炸定色後備用。

②燒開一鍋水，以 1 公升水：10 公克鹽：1 大匙油的比例放入鹽、橄欖油。將麵條放入煮至包裝袋建議的時間後，瀝水備用。

③在煮麵條的同時，開始來炒配料。平底鍋放約 2 大匙橄欖油，熱鍋後，放入櫛瓜及玉米筍，煎軟、上色後先取出備用。

④續以同一鍋，爆香蒜片、辣椒。

⑤放入西班牙辣腸，炒出香味。

⑥放入番茄，稍微炒軟。

⑦放入白酒，滾煮 1 ～ 2 分鐘讓酒氣揮散後，再倒入雞高湯以及③櫛瓜、玉米筍，蓋鍋一起悶煮約 5 分鐘。

注意！炸過的茄子還不要下鍋哦！

⑧燒開 2 公升的水，放入 20 克的鹽及 2 大匙橄欖油。將細扁麵放入煮至包裝袋建議的時間。

⑨以煎大蝦的同一平底鍋爆香洋蔥絲。

⑩洋蔥軟化並爆出香氣後，再放入蒜末爆香。

⑪放入小番茄，炒至番茄軟化、汁水流出。

⑫將⑤完成的蝦高湯倒入，並放入約半量的巴西里末，再蓋鍋悶煮大約 5 分鐘。

⑬將⑧煮熟的麵條瀝乾水分後，放入⑫中，攪拌至湯汁濃稠。再以剩餘的巴西里末、鹽、黑胡椒調味即完成。上桌時可以搭配現擠檸檬，並刮一點新鮮的帕瑪森乳酪上去增添風味！

份量（兩人份）

材料

大草蝦 4 隻、洋蔥半顆、蒜頭 4 瓣、小番茄 15 顆、巴西里適量、白酒 50 毫升、無鹽奶油 5 公克、橄欖油 3 大匙、鹽與黑胡椒適量、帕瑪森乳酪適量、細扁麵（Linguine）180 克、清水 200 毫升

作法

①洋蔥切細絲，蒜頭切末，小番茄對半切，巴西里連莖葉一起切末。大草蝦去掉蝦頭（蝦頭勿丟棄），沿著蝦背剪開蝦殼，去掉泥腸；再以菜刀剖半但不斷開，把蝦攤平。

②取一小湯鍋，以少許油熱鍋後，放入蝦頭，煎至變色後再加入一點洋蔥絲和蒜末爆香。

③放入白酒，滾煮幾分鐘讓酒精揮散。

④放入清水 200 毫升，待煮滾後蓋鍋，以小火悶煮約 10 分鐘。

⑤將④過濾，即為蝦高湯。

⑥另取一平底鍋，放入約 5 克的無鹽奶油及 1 大匙橄欖油，把鍋子燒熱至奶油冒小泡泡。

⑦將開背的大蝦「蝦肉面朝下」放入，以鍋鏟壓平煎至變色後，再翻面煎熟。將大蝦先盛起備用。

⑤放入鮑魚菇，煎至兩面金黃色。

⑥放入牛肝菌菇炒出香味。

⑦將雞高湯與泡菇水倒入，蓋鍋悶煮約 5 分鐘。

⑧將貝殼麵放入⑦中拌炒，並放入起司攪拌，使醬汁乳化，並以鹽、黑胡椒調味。最後將②煎好的雞胸切薄片放上，再撒切碎的巴西里，及一點壓碎的核桃增加口感即完成。

份量（一人份）

材料

雞胸肉 75 克（約 ¼ 片）、乾燥牛肝菌菇 5 克、洋蔥 ¼ 顆、蒜頭 1 瓣、鮑魚菇 2 朵、雞高湯 50 毫升、貝殼麵 100 克、軟質乳酪（馬茲瑞拉或馬斯卡澎或奶油乳酪）20 公克、鹽與黑胡椒適量、巴西里適量、核桃碎適量、橄欖油適量

作法

①洋蔥切細絲，蒜頭切碎，鮑魚菇切大塊。雞胸肉兩面均勻抹上橄欖油、鹽、黑胡椒，靜置至少 10 分鐘。牛肝菌菇以約 50 毫升的冷水泡開後切成小丁，將泡牛肝菌菇的水與雞高湯混合備用。

②將鍋子燒熱，若擔心黏鍋可以放少許油。將雞胸肉整塊放入鍋內，單面先煎約 4 分鐘，再翻面煎約 3 分鐘，取出靜置備用。

我通常使用鑄鐵鍋，因蓄熱集中、溫度高，會比較容易煎出表面一層脆皮，味道更香。

③燒開一大鍋水，以 1 公升水：10 公克鹽的比例放入鹽，及 1 大匙橄欖油。將貝殼麵放入滾煮。過程中需一直保持滾沸狀態。煮至包裝袋建議的時間，取出瀝乾水分。

④另取平底鍋，少許油熱鍋後，放入洋蔥煎炒至變軟並散出香味，再放入蒜末一同拌炒。

牛肉時雨煮

努力過後的幸福滋味

很多人會說為母則強，好像只要成為了母親，為了孩子沒有辦不到的事，但我卻不這麼認為。媽媽其實一點都不強，媽媽很膽小也很脆弱，一點點驚擾變動都會讓我們的焦慮直線攀升……

我還記得第一次感覺到胎動。那是懷孕時十六到十七週左右，一個陽光晴朗的冬日早晨。我吃完早餐，正起身準備把餐盤拿進廚房清洗，突然就感覺到了。那不同於腸子蠕動或是肌肉抽動，像是有一條小魚擺著尾巴游過去，蜿蜒柔軟，我馬上就知道那是胎動。我很驚喜地跟坐在對面的老公報告這件事，他趕緊走過來撫著我的凸肚，也想感受一下，可惜小子跟爸爸捉迷藏，那天都沒再有動靜。

後來胎動的次數愈來愈頻繁，我會隔著肚皮跟他玩起遊戲，我拍拍他，他會動動手腳回應我。有時候在無法成眠的黑夜裡，小子也經常醒著陪伴我，我會在心裡對他說說話，他就在肚子裡伸展手腳變換姿勢，好像聽懂了什麼一樣。在寂靜無光的深夜裡，有種全世界只剩下我和他的錯覺。那是只屬於母子倆的親暱時刻。

存在卻又不夠真實

到了懷孕後期，胎動不再只是遊戲，而是一個需要提高警覺的訊號。在後來幾次產檢，醫師特別提醒我，因為小子的臍帶纏繞得厲害，我必須時時留意胎動，以防任何意外。有一天下午，我忙著東奔西走採買嬰兒用品，當我意識到的時候，已經有兩、三個小時沒有感覺到他的動靜。我趕緊拍拍肚子呼喚他，幾次以後依然沒有反應，當下急得眼淚快掉出來，只想鑽進隨便一間婦產科診所，用超音波確認小子是否安好？後來我吃了一些甜食，繼續試著拍拍肚子，已經安睡好一會兒的小子終於醒來踢踢腳，我也才放心鬆懈下來。

那天下午在內湖的馬路邊，頭頂是列車轟隆隆通過的捷運高架，我手裡緊捏著一杯oreo冰炫風，眼睛盯著路邊的婦產科診所招牌猶豫不決，焦急心煩又不安忙亂，思緒在腦袋裡不停翻攪；這個景象，我到現在都還記得很深刻。

懷孕過程很像在闖關，從驗孕試紙上的兩條淺色墨漬出現後，跳動的小白點、唐氏症篩檢、羊膜穿刺、高層次超音波、胎動、胎心音，每一關都讓人提心吊膽；任何一道關卡無法順利地前進時，總會喚起母親巨大的焦慮。在超音波探頭下規律跳動的白點，就代表寶寶一切健康平安嗎？兩百五十分之一的機率到底是一還是零？黑白像素疊加的模糊臉孔，是寶寶未來的樣子嗎？因為見不到面，那生命雖然存在，卻又顯得不夠真實，我們僅能靠著一些外在的線索去想像他；太多的未知與不確定性，焦慮也由是而生。

於是懷孕後期，我常常邊數著胎動，邊告訴小子：「你快點出來啊，你快點出來我就不擔心了！」殊不知原來出生後，還有一道道更大的關卡等著，永遠沒有破關的一天。

武裝是為了更堅強

很多人會說為母則強，好像只要成為了母親，為了孩子沒有辦不到的事，但我卻不這麼認為。媽媽其實一點都不強，媽媽很膽小也很脆弱，一點點驚擾變動都會讓我們的焦慮直線攀升。我們武裝自己，展現強悍的一面，也只是為了保護孩子不受傷害；但我們心底深處，比誰都還害怕啊！有時擔心自己做太少，有時又擔心自己做太多，一句話、一個決定，是不是都可能影響到孩子長遠的未來。媽媽們的牽絆掛心，從懷孕以後，似乎就沒有停止的一天。

話雖如此，現在我偶爾仍會懷念起小子還在肚子裡，我們以臍帶相連著的一體感。我吃蛋糕他會跟著手舞足蹈，他打嗝我的肚皮也安靜不下來。母子兩人共享著一切，他賴我維生，我因他心靈茁壯滿足。這是一段難以取代的生命經驗，令人感念且幸福。

這一道牛肉時雨煮，就是在懷孕後期，因為小子體重遲遲沒有長進，為了增加小子的體重，我一直努力吃牛肉才開始煮的。現在雖然不需要進補了，但也愛上這個味道，於是成了我家的家常菜。只是每次決定要做時雨煮，就會忍不住想起那個在肚子裡太好動，老是扭著臍帶玩耍、讓媽媽放不下心的臭小子！

咪豆票醫師悄悄話

精神科醫師很害怕規律服藥的個案們，突然告訴我們「我懷孕了」。我們會被殺個措手不及，一邊擔心突然停藥可能症狀復發，一邊擔心這幾週曝露在藥物下，可能會對小小的胎兒造成什麼影響？如果你有在接受治療服藥，請一定要好好跟醫師討論懷孕計畫哦！

牛肉時雨煮

材料

A 主料

牛肉火鍋片 300 克、嫩薑 50 克

B 調味醬汁

醬油 4 大匙、味醂 4 大匙、酒 2 大匙、砂糖 2 大匙

作法

①牛肉切成容易入口的大小。嫩薑去皮後切成細絲（如果有刨絲器更方便）。調味醬汁調勻備用。

②將調味醬汁倒入鍋內，煮開。

③放入牛肉片，盡量不要讓牛肉片重疊黏在一起，再放入薑絲。

④開中小火讓醬汁保持微滾狀態，並攪拌牛肉及薑絲使均勻浸泡在醬汁內。滷煮至醬汁收汁後即完成。熄火後可以再放置一下讓整體更入味。

蔓越莓起司奶油薔薇蛋糕卷

媽媽才懂的酸甜滋味

雖然走得跌跌撞撞，但我也很慶幸我有一個很好的模仿對象。我從我阿母身上，知道了什麼才是對孩子全心、無私的愛……

小子的到來，是意外，但也不是意外。我本來沒預期會生養小孩的，因為我自知不是個如我阿母一般，能為孩子奉獻生命的母親。我的母性，在光譜中處於顏色極為淡薄的那一側。但婚後沒多久，我意外懷孕了，有了「小蛋」。小蛋的出現，我竟然滿心歡喜且期待，連我自己都感到驚訝。可惜小蛋沒在我的身體內待太久，十週多一點點，跳動的小白點就消失在超音波下。我還記得那天產檢，本來預定要拿媽媽手冊的，卻等到了這個結果。離開診所後，我在旁邊的公園，哭掉了一張又一張的面紙，老公還跟老闆請了假，那天就一直陪伴在我旁邊。

擁有小蛋時，那歡欣喜悅令我陌生；而失去了小蛋，那巨大的悲傷也超乎我的預期。才在我身體內短短幾週的小細胞團，怎麼會引起這麼豐沛複雜的情緒？於是我終於正視自己，其實渴求擁有「自己的」孩子這個心情；或許是母性稀薄，我害怕自己無法勝任母親的角色，所以我才逃避，才一次又一次斬釘截鐵地說我不喜歡小孩。小蛋讓我發現，我對「自己的」孩子，是不同的，有一些情感會自然生出，無法逃避。於是，小子就這樣來了。

堅信緣分的存在

我自認是學科學、醫學的人，並不很信鬼神，但關於小子，倒是有兩件玄妙巧合之事。其一，發現懷了小子以後，我往回推算了他的受精著床日期，竟然就是原本小蛋的預產期；讓我一股腦地相信小子一定是接替著小蛋回來找媽媽的，直到現在還是深信不疑。其二，在還不知道小子的性別之前，我就憑著直覺，信誓旦旦地跟老公說一定是男生！甚至還有一天晚上，一個酷似《神隱少女》中的白龍的少年出現在我的夢中，在陽台跟我揮手。夢境很生動真實，清晨的灰藍色，陽台紅、白色拼疊的磁磚，齊眉短髮的清秀少年站在陽台上，伸著纖瘦的手朝我揮動，好像我一推開落地窗，就會與他撞個正著！

後來的產檢結果證實了我不科學的瞎猜，從此我更堅信我跟小子之間一定有什麼特別的、前世的、註定的、未知的、其實是媽媽想太多的緣分存在。在肚子裡的小子，我們都暱稱他「臭寶」。每次去產檢，最期待的就是能在超音波下看到他。透過超音波的灰白陰影，想像著他出生的模樣。我滿心期待著，臭寶會跟夢裡的白龍一樣，憂鬱沉穩、眼神裡藏著很多故事，十足的文青樣。然而，小子從剛出生時的高需求寶寶，長成現在一隻熱衷於火車、飛機、樂高，調皮多話的小潑猴，跟文青好像沾不上邊。我經常跟老公抱怨，我的白龍到哪裡去了呢？或許從頭到尾，白龍就只存在媽媽美麗的想像中吧？

了解無私的愛

因為母性淡薄，又太需要自我空間，在當母親的這條路，我一直走得跌跌撞撞，沒有辦法像許多母親一樣，把奉獻犧牲視為理所當然的責任，但無法成為好母親的罪惡感，又時時刻刻緊繞著我，要我再多付出一些、再多犧牲一些。朋友問我，會後悔懷孕生子嗎？這個問題，我到現在還是沒有辦法斷然地回答是或否。我只能說，我很開心，也很享受小子的陪伴。因為他，我對親子關係、夫妻關係，有了更多的體悟和學習，個性也多了一些彈性和柔軟，但母親這個角色，不會是我最想投注心力和時間的一份工作。

雖然走得跌跌撞撞，但我也很慶幸我有一個很好的模仿對象。我從我阿母身上，知道了什麼才是對孩子全心、無私的愛。在我疲累的時候，她也總能接手幫忙照顧小子，讓我能夠在外頭小小地、自由地飛一圈，補足自己的能量。我始終認為，今天的我，能這樣去愛小子、愛我自己、愛我的生活，一定是因為我阿母給了我滿滿的愛的緣故。

獻給母親的甜與酸

蔓越莓起司奶油薔薇蛋糕卷，是上一年母親節的時候為我阿母做的。在構思母親節蛋糕時，就想著要為喜愛大自然的我阿母，以花、果為主要表現。於是這個蛋糕卷，在蛋糕的部分，除了蛋、奶、麵粉以外，多加了切細的蔓越莓乾，增添口感和莓果的酸香氣。

內餡的部分是一半馬斯卡澎，一半鮮奶油打發。馬斯卡澎些微發酵的酸味，能減低濃烈的奶味，也能跟莓果互相呼應。另外，我還點綴了幾匙森心日春的薔薇童顏果醬在奶餡上，這款果醬是由薔薇、葡萄、莓果煮製，淡雅清酸，充滿了花園氣息。

這個蛋糕也分享給每一位母親！

咪豆票醫師悄悄話

我始終認為，母性強烈、天生喜歡與孩子做伴，並非決定是否能成為好母親的條件。只要你能愛孩子，願意為孩子付出，並能看到孩子身上的美好已足夠。至於這份愛，能擴及多遠多大的範圍，並不是那麼重要與絕對。

⑦將⑥的麵糊均勻流入方型蛋糕盆（30×30 公分大小）並抹平，以預熱好 190 度的烤箱烘烤 12 分鐘即完成。將完成的蛋糕體取出放至散熱架上放涼備用。

製作馬斯卡澎鮮奶油內餡：

①將馬斯卡澎放至室溫軟化後，用攪拌器低速攪散。

②將鮮奶油、砂糖放入①中，加入蘭姆酒。再以高速打發至尖挺狀。

組合蛋糕：

①桌上墊一張大張的烘焙紙，將已經放涼的蛋糕體，烤色比較漂亮的那一面朝下放，是為蛋糕卷的外側。

②蛋糕體朝上的那一面，均勻抹上馬斯卡澎鮮奶油內餡。再間隔地點綴上果醬。

③抬起靠自己那一側的烘焙紙，將蛋糕先捲出一個小の字。

④繼續抬高烘焙紙，並順勢將蛋糕滾動捲起。

⑤用烘焙紙包裹蛋糕並整型，兩側拉緊呈糖果狀。放入冰箱冷藏定型約 3 個小時即完成。

⑥待蛋糕定型後，可再取用剩的內餡，裝飾在蛋糕卷外側，切去頭尾不平整的兩端就很美觀囉！

蔓越莓起司奶油薔薇蛋糕卷

材料

A 蛋糕卷

全蛋 3 顆、細砂糖 70 克、低筋麵粉 50 克、牛奶 2 大匙、蔓越莓 30 克

B 內餡 & 裝飾

馬斯卡澎 200 克、鮮奶油 200 克、細砂糖 40 克、蘭姆酒 2 大匙、薔薇童顏果醬 2 大匙

作法

先做蛋糕體：

①蛋由冰箱取出，放至室溫。蔓越莓切細。烤箱預熱 190 度。

②燒一鍋水至 70 度左右。將蛋打入鋼盆中，並放入細砂糖。將鋼盆放至熱水上（不直接接觸熱水），用攪拌器低速將蛋液打散，與砂糖混合均勻，並加溫至37～38度左右（以手指放入測試，感覺微溫）。

③將蛋盆移出熱水浴，再以高速打發。當蛋液打發至「由打蛋器滴落盆內時，可以摺疊成緞帶狀、不會馬上沉入」即完成。

④放入過篩的低筋麵粉，攪拌均勻。

⑤放入牛奶，攪拌均勻。

⑥放入切細的蔓越莓乾，攪拌均勻。

鮭魚鮮菇炊飯

堅持過後才懂的滋味

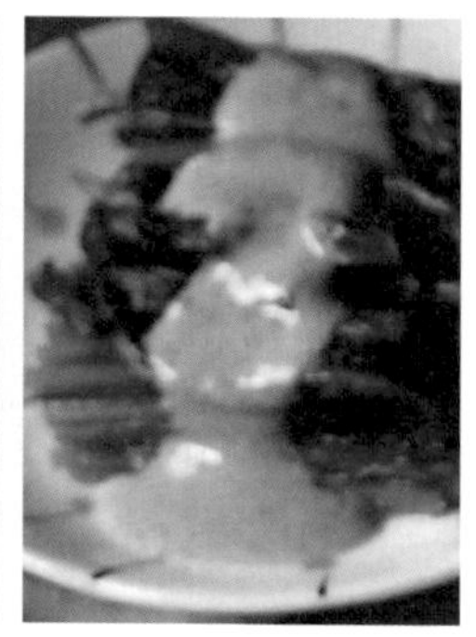

即使度過了，現在回想起小子甫出生的那幾個月，心裡還是好難受。那時候的我，以為母乳、親餵就代表了一切的愛和責任，並用這一點自我評價，來決定自己是不是一位夠格的母親……

小子出生前，我在網路上看了很多關於哺乳的文章，於是我強烈地相信著，只要有吸吮就會有乳汁，而且分泌多寡會隨著孩子的食量調整；另外，我也摒棄擠奶、瓶餵，認為跟孩子親密的身體接觸，是有助於哺乳和建立聯繫的關鍵。我帶著這些信念，期許自己能成為一位全親餵的好母親，上了產台把小子擠出來。

生產後的第一天，也許小子還在適應這個世界，幾乎整天都沉沉睡著。我照著護理師的教導，試著擠了一點初乳，看到濁黃色的乳汁滴進針筒的那一刻，心裡湧起的喜悅不下於知道懷孕的那一刻。

產後第二天，小子清醒的時間增加了，我迫不及待開始親餵，看他吸吮良好，喝飽後在我懷裡睡著的小臉，覺得一切似乎都太美好！

初次有了罪惡感

在產後第二天稍晚，小子喝奶後睡著的時間愈來愈短，我著急地一次又一次把他抱到胸前哺餵，但卻是一次又一次的徒勞無功。那天半夜，我又急又累，掉著眼淚跟老公說，我都餵不飽他，他一直哭怎麼辦？老公把我勸去休息，推了寶寶出去請護理站幫忙；後來小子在喝了配方奶之後，連續睡了三、四個小時，那是我第一次有了罪惡感。

離開醫院以後，我還是持續跟親餵搏鬥，乳汁的分泌量的確逐漸增加，後來我終於可以不用搭配配方奶，就足夠小子的食量。但因為每三、四個小時就要親餵，小子一直無法睡過夜，本來就淺眠的我，產後每天都睡眠不足。在小子三個多月大的某一天，老公試探性地用溫和的口氣問我，是不是要讓小子喝一點配方奶，我才能好好休息？也許是因為睡眠不足；也許是因為情緒緊繃；也或許是因為高需求的小子讓我筋疲力盡，無助又脆弱的我，暴風雨般地發了一頓脾氣。

「你是不是嫌我奶量不夠？」

「你是不是嫌我沒把小孩照顧好？」

「你如果了解我，怎麼還會提出這種建議？」

老公被我莫名的情緒激怒，覺得自己的一片好心是體貼，卻被我惡意扭曲解讀，兩個人著著實實地吵了一頓。大吵後的隔天，我一個人在家時，抱著哄不下來的寶寶，我也跟著掉眼淚，一直問自己為什麼？紛亂的思緒來來回回，第一次有了後悔生下孩子的想法。

建立起愛的連結

我自己當然意識到了產後憂鬱症的存在，但因為對親餵的堅持，我決定先不考慮抗憂鬱藥物治療，想試著用其他方法撐撐看。只能說我很幸運，在朋友家人的幫忙陪伴下我度過了，我的情緒慢慢穩定，高需求的小子也隨著月齡增加，不再那麼讓我疲憊；可是也真的只能說我很幸運，因為不是每個人都跟我一樣有這麼好的支持系統。

即使度過了，現在回想起小子甫出生的那幾個月，心裡還是好難受。那時候的我，以為母乳、親餵就代表了一切的愛和責任，並用這一點自我評價，來決定自己是不是一位夠格的母親。當親餵不順利時，我便否定了自己其他的努力，也把別人關心的話語都當成尖銳的指責。

後來再想想，縱使親餵有助於建立依附關係，但母子間的情感連結，又豈是只來自於哺乳？每一次的逗弄、撫抱，都是感情的傳遞和深化；而乳汁，也就只是食物的角色罷了。

我們對孩子的愛，才是他們真正需要的不是嗎？

我的親餵時光，在小子六個多月大的時候自然也就結束了，想起一開始的堅持，也不禁覺得莞爾。現在每天應付調皮搗蛋的小子在學校的狀況，還有絞盡腦汁想著要弄什麼菜色給挑食的小子，突然之間覺得餵母乳好像是再簡單不過的一件事了啊！

那就來做這一道挑食的小子最愛的鮭魚鮮菇炊飯囉！

咪豆粟醫師悄悄話

母乳裡的確含有許多孩子需要的營養和重要的抗體。但餵母乳這件事，也許依個人情況量力而為即可。如果因為哺餵母乳，而忽略了母親自己的身心健康，那再多的抗體也彌補不了。當母親是一條漫漫長路，而不是只有最初始的這半年、一年！

鮭魚鮮菇炊飯

份量（兩人份）

材料

A 炊飯料

鮭魚輪切 1 塊、美白菇或鴻喜菇 1 包、乾香菇 2 朵、水煮筍 1 支、青蔥 1 支、米 1 杯、鹽與黑胡椒適量

B 炊飯高湯

柴魚高湯 200 毫升、醬油 15 毫升、味醂 15 毫升

C 配料（可省略）

鮭魚卵適量

作法

①米洗淨，瀝乾水分備用。乾香菇泡開，切成長條狀。美白菇切除底部後撕開。水煮筍切成細長條狀。青蔥切成蔥花。鮭魚擦乾水分後，雙面抹上鹽、黑胡椒，靜置約 15 分鐘。

②取湯鍋或砂鍋，以少許油熱鍋後，放入乾香菇拌炒至香氣散出。

③放入水煮筍絲略為拌炒，再放入白米，並倒入炊飯高湯。待煮滾後蓋鍋悶煮約 10 分鐘。10 分鐘後熄火，鍋蓋先不要打開，繼續悶至少 15 分鐘。

④在等待飯煮熟的同時，另取平底鍋，熱鍋後炒香美白菇，盛起備用。

⑤另外再把鮭魚雙面煎熟，小心取出魚刺，並把魚肉撥散、魚皮切小塊。

⑥把美白菇、鮭魚、青蔥一起放入③悶熟的炊飯中混合均勻即完成。

⑦可以撒一些鮭魚卵，讓炊飯更美味。

法式吐司

喚醒週末的幸福甜香

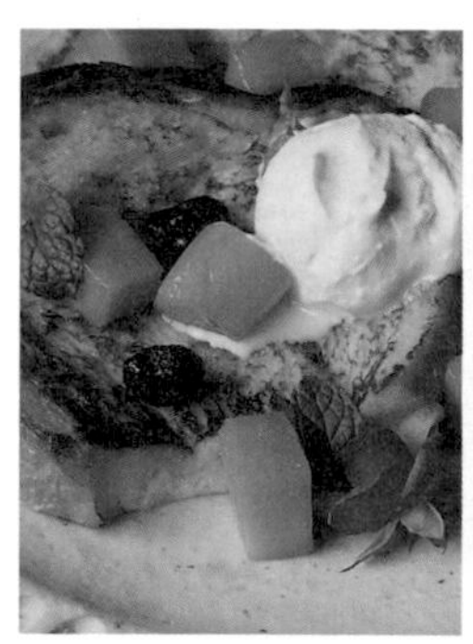

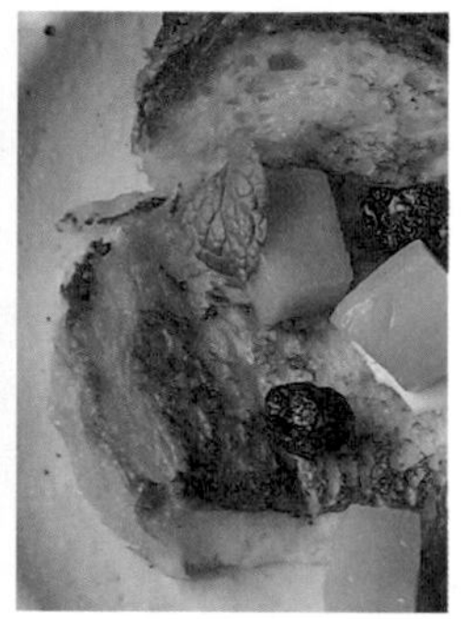

雖然媽媽沒在你身邊，但又何曾離開過你呢？就像繪本最後說的：「朝向你的道路，我永遠都不會忘。」媽媽心裡面的羅盤，一直是指向你的啊……

三歲半的小子開始上學了。第一個禮拜，小子興致勃勃，一進校門就把媽媽推開，匆匆揮手說byebye，然後一頭鑽進溜滑梯裡面；放學回家也都在說學校的事。學校有火車、中午吃麵麵跟好吃的湯、有上打鼓的課、有乖乖蓋紅色小被被睡午覺……媽媽見他適應良好，心中大喜，覺得偽單身的好日子即將展開。

到了第二週，新鮮感消退，小子開始發現不對勁了，學校不是只有溜滑梯跟打鼓，學校還有好多規定要遵守！吃飯時間不可以邊玩邊吃，上課時間不可以玩溜滑梯，午睡時間不可以講話……好多好多的不可以。平常在家自由自在、隨心所欲的小子，也還沒學會跟其他小朋友的互動方式，這麼多的規定，讓他開始抗拒上學。小子每天起床的第一句話一定是：「我不想上學，學校好無聊！」好說歹說讓他吃完早餐，接下來的刷牙、更衣出門又是一場大戰。下午接他放學，有好幾次是哭喪著臉跟媽媽說：「我心情不好。」，然後就鑽進懷裡猛撒嬌，看得媽媽好心疼。

疑惑不捨與擔心害怕

一度懷疑自己是不是做錯了決定？是不是太在乎自己的自由，而忽略了小子的需求？朋友跟我說，一定要堅持，這只是適應期，我也不想否認，送他進校門離開以後，我的心情雖然有點不捨，但腳步卻是輕盈的。腦袋裡轉著今天的計畫，採買、煮食、逛街、看書，還覺得時間太短不夠利用。是不是敏感的小子也感受到我的變化？於是擔心、害怕著，跟媽媽分開以後，媽媽會不會就此消失？

我想起繪本《有時母親，有時自己》裡面的一段文字：

「我的母親，在她心裡有一匹母狼盤踞。有時，母狼讓她萌生念頭，去一座座黑暗的森林裡，唱歌跳舞。我等待著，且無法阻止自己發抖打顫，一邊想著，她可能永遠不會回來。」繪本裡的母親，剪去了長髮，身上的色彩濃烈繽紛，森林裡鳥兒圍繞，她啣著鮮紅的唇唱歌；小小的女孩拿著羅盤，緊緊跟在媽媽的身後。小子也跟她一樣，害怕母親找不到回家的路嗎？

朝向有你的道路

呵呵，傻小子，媽媽怎麼可能消失呢？就算去逛街，也不忘幫你買件可愛的衣服。在書店捉了幾本小說，也會再繞去繪本區，看看有什麼有趣的故事能唸給你聽。採買的時候都在想，最近你喜歡吃什麼菜，冰箱裡還有沒有你最愛的水果。坐在捷運上，還會打開手機的照片資料夾，盯著你調皮搗蛋的小臉傻笑。雖然媽媽沒在你身邊，但又何曾離開過你呢？就如同繪本最後說的：「朝向你的道路，我永遠都不會忘。」媽媽心裡的羅盤，一直是指向你的啊！

小子的哭鬧抗拒，大約持續了兩、三週，後來是出動了從小陪伴他睡覺的熊仔一起上學後，眼淚才終於停下來。熊仔對他來說，或許是父母、家的延伸吧！讓他一個人在學校時，也感受得到我們的連結和陪伴。於是我的不安和自責終於稍緩，也開始逐漸看到小子在社交互動上的進步。這一次，我們一起克服了上學這一關！

不過因為小子上學必須早起，媽媽又愛賴床，自從他上學以後，早餐都以麵包為主，沒辦法自己下廚準備。只好利用週末，做他喜歡的法式吐司，再點綴一點他最愛的水果，讓他在奶油和蛋汁的甜香中醒來，享受能跟爸爸媽媽黏在一起的一整天！

咪豆栗醫師悄悄話

初上學的孩子，他們從來沒跟爸媽分開過那麼長的時間，有分離焦慮是必然的。能跟家做連結的小物，都能幫忙他們克服分離焦慮。玩偶、小被子、媽媽的衣服都是很好的選擇。我家小子甚至有一次是帶著花園裡的小花一起上學呢！

法式吐司

材料

蛋 1 顆、牛奶 100 毫升、糖 1 大匙、吐司（約 1 公分厚度）2 片或長棍麵包半條（切成約 1 公分厚度片狀）、無鹽奶油 10 公克、楓糖漿或蜂蜜適量

作法

①取一深盤，倒入一半的蛋液，將吐司（或長棍切片）浸置在蛋液中。

② 5 分鐘後，將吐司（或長棍切片）翻面，再倒入另一半的蛋液繼續浸置 5 分鐘。

③取 10 公克無鹽奶油，放入鍋中以中小火融化，待奶油冒出泡泡時，將吐司（或長棍切片）放入煎約 2 ～ 3 分鐘至上色。

④翻面後蓋上鍋蓋，但不要蓋緊，要留一小縫隙，再續煎 1 ～ 2 分鐘至上色即完成。

⑤可以搭配楓糖漿或蜂蜜一起食用更美味！

Tips

- 使用奶油除了可以增加香氣以外，也能上色得更漂亮。
- 翻面後蓋上鍋蓋用半悶半煎的方式，會讓成品更蓬鬆。

La van

義式番茄蔬菜湯

滿懷歡樂與營養的一餐

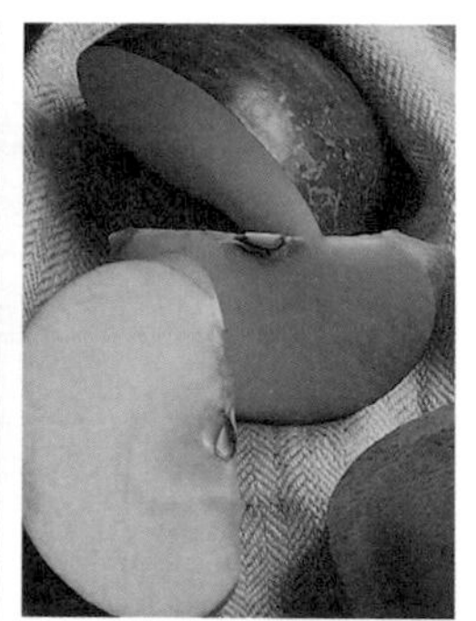

每個人的成長環境、家庭背景、個人特質都不相同，自然會長成不一樣的個體，而不一樣，並不代表不正常。將自己的價值觀強加到別人身上，並沒有辦法達成溝通的目的，只會讓兩人之間的鴻溝加大……

小子已經上學半年了。從一開始的哭哭啼啼找媽媽，到後來慢慢適應，每天興高采烈跟媽媽説再見。本來以為從此天下太平，沒想到在學期結束前的一個多月，他又開始哭鬧著不想去學校，還會有各種理由——身體不舒服、肚子痛、發燒，自己還拿了耳溫槍嗶嗶，堅持上面的三十六點五度就是發燒，他想要在家休息。想説他也許玩膩了，等升上中班，有了新課程就會重拾樂趣。

但他慢慢除了抗拒上學以外，也愈來愈堅持己見、愈來愈無理取鬧，情緒變得不穩定。於是我仔細探問了小子和學校老師，發現他在學校其實是處在一個頻頻受挫的狀況。因為他的堅持和固執行為，經常無法配合其他同學作息，也影響到跟同學的互動，以致他經常是班上被責罵或被冷落的那一個。

雖然我很清楚，在一比十的師生比下，老師也還有其他繁雜的行政事務，沒辦法像我獨自面對小子時，可以花很多時間去陪伴跟安撫。但我知道了以後還是覺得好自責也好心疼，竟然沒有早點發現他的挫折，還每天甜言軟語地規勸他上學，讓小小的他獨自面對這一切。

取得教育的平衡點

小子的事，讓我想起診間一位高中男孩。他因為情緒問題，休息了一段期間後回到學校，也換了一個班，新班級的老師不太能接受他，屢屢在同學面前明示暗示地說他是問題學生。原本已經穩定下來的他，情緒因此又潰了堤，好不容易建立起來的信心也崩毀，不知道自己未來該怎麼辦？也擔心自己的人生一年一年拖延下去。

因為精神醫學的訓練，在評估個案時，我一直很關注家庭對孩子發展的影響；但自己有了孩子，孩子也開始上學之後，我也開始留意起學校制度、教育環境對孩子的影響。我自己崇尚適性發展，希望以引導、溝通取代威權跟責罵。但在適性發展的背後，需要父母付出很多的時間與心力體力去陪伴孩子，而這在團體生活幾乎是不可能的。在團體內，為了方便管理，一致性和遵守規則才是最被看重的。

學校也許可以接受你有一點不同，但你不能跟大家太不一樣；你可以心情不好，但你不能傷害自己；你可以成績不理想，但你必須乖巧聽話；你可以偶爾請假，但你不能拒學、休學……就像小子，可以堅持自己的做法，專注在自己喜歡的遊戲，卻不能不配合團體活動。在個體發展跟團體和諧的兩端，難道沒有更中庸的選擇嗎？

傾聽、理解與包容

也許我們對正常的想像都太貧乏。很多事，並沒有對錯，也沒有正常不正常，只是「不一樣」。每個人的成長環境、家庭背景、個人特質都不相同，自然會長成不一樣的個體，而不一樣，並不代表不正常。將自己的價值觀強加到別人身上，並沒有辦法達成溝通的目的，只會讓兩人之間的鴻溝加大。如果能試著去理解對方，包容彼此的不一樣，才有機會彌補兩人的差異，開啟對話的可能。所以，聽聽孩子說話吧，聽聽他們對這個世界青澀的理解，也聽聽他們的痛苦和掙扎。十七歲的煩惱，就算對你來說微不足道，卻是他們目前人生的全部！

至於小子，幾經思考和討論，我們最後決定讓他轉學到比較尊重孩子個體發展，順應孩子成長步調的學校。我也不知道小子還會在成長學習的路上遇到哪些挫折，不過媽媽會陪伴著他一起闖關升級，然後有一天，我可以卸下我的擔心，他也會找到他能獨力前進的方向。

因為煩惱小子的事，這幾天提不起勁好好煮一餐，只好搬出義式番茄蔬菜湯來救急。這一道湯，有滿滿的蔬菜料，又用了小子喜歡的培根和番茄，搭著長棍麵包吃，就很滿足。

我們的教育，重視孩子的成績、升學，遠遠勝過孩子的情感教育。包括情緒辨識管理、人際溝通、挫折耐受等等這些能力，即使有些孩子是與生俱來，但更多孩子是需要引導與學習的。遇到「不一樣」的孩子時，我們能有更大的包容嗎？

義式番茄蔬菜湯

材料

洋蔥半顆（約 60 克）、蒜頭 3 瓣、培根 50 克、紅蘿蔔 1 小段（約 30 克）、高麗菜 6 片、馬鈴薯 1 顆（約 200 克）、櫛瓜 1 條（為了配色，我用黃綠櫛瓜各半條）、番茄罐頭 250 克、雞高湯 600 毫升、鹽與黑胡椒適量

作法

①洋蔥、培根、馬鈴薯、櫛瓜皆切成 1 公分方塊狀，蒜頭切末。高麗菜撕大片。

②熱油鍋，把培根炒香。後放入洋蔥炒軟。再依序放入蒜末、紅蘿蔔、馬鈴薯略炒過。

③放入高麗菜略炒。再放入番茄罐頭、雞高湯。加蓋悶煮約 20 分鐘。

④放入櫛瓜煮軟，再以鹽、黑胡椒調味即完成。

櫛瓜易熟，且為保持櫛瓜顏色，最後再放入即可。

蛋炒飯

簡單又複雜的家常料理

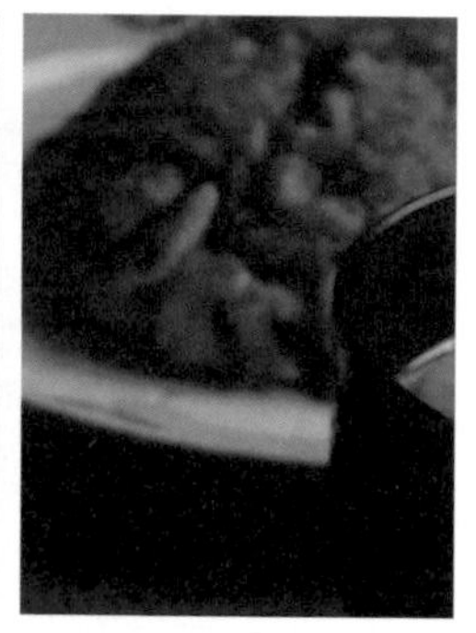

媽媽的焦慮經常掩蓋了理性，但是，就相信孩子吧。他們比我們更了解，在他們的世界要面臨的挑戰會是什麼，也往往比我們以為的還要成熟縝密……

小子接近四歲的這幾個月，進入了所謂人生第一個叛逆期，凡事以不要不要做為回應，尤有甚者，還會故意搗蛋作對，讓人傷透腦筋。但這也算好應付，媽媽以不變應萬變，繼續堅持底線並說之以理、動之以情，最後他也總會讓步。我真正擔心的是，可能十多年後發生的，那真正的青春叛逆期。

小子的爸，個性溫和又良善單純，無風無雨地度過青春期，叛逆期對他來說，是只存在書本上或耳語傳說的一件遙遠物事。但小子的媽，就是我，讓我阿母煩惱擔憂，不知消耗掉多少腦細胞，才驚濤駭浪般地走過那一段日子。那時候的我，與家人作對、與老師作對、反對體制、瞧不起大人，經常處在情緒風暴中，莫名憤怒感傷、跟好朋友吵吵鬧鬧，時而親密黏膩，時而冷戰數個星期不講話。萬一小子沒有遺傳到爸爸的溫和，而是遺傳到媽媽的火爆，青春期的時候，我想將會是一場硬仗。

面對傷人的刺蝟

有一件國高中時發生的事，一直讓我印象深刻。某天晚上我補習完回家，發現我很心愛的一件毛衣（現在我都還記得，是五顏六色的愛心拼布圖案），被我阿母丟進洗衣機洗後大縮水，再也沒辦法穿它了。那天早上也許發生了一點事——芝麻綠豆大的、青春期常有的、跟朋友之間的小磨擦之類的——心情正惡劣，我就把所有的情緒全發洩在毛衣上了。我不停地哭，先從嚎啕大哭，變成抽抽噎噎，但眼淚跟聲音一直沒停下來，持續了也許將近一個小時。我阿母一直重複說著她不是故意的，毛衣壞了也沒辦法；後來見我不領情，她也就回房不理會我了。就這樣哭了一個小時後，我阿爸從主臥室出來，對著我一個巴掌直接下去。啪！那個巴掌的聲音現在都還在我的記憶中鮮明地響著。我阿爸平時很寵我的，對我在學校那些不尊重師長的失序行為，也從沒認真說過我什麼，但那天他還是失控了。

那個巴掌，也許除了憤怒，更多的是他們的無助和挫折吧。在他們的眼中，我煩惱感傷的事，全都是些不起眼的小事。他們不明白為何我把友誼看得這麼重，也不知道如何跟我開啟對話，本來很撒嬌又很親近他們的妹仔，變得像刺蝟一樣，陌生又火爆。

聆聽、陪伴與相信

想想也真的為難他們了，他們是在嚴格的打罵教育和體制下成長，「跟孩子對話」、「了解孩子的內心」，在那個年代並不是教養的核心價值。他們自己沒有經驗過那樣混亂的叛逆期，自然也無從理解起我的情緒，而且說實在的，那時的我，能清楚闡明我到底在憤怒什麼，又在對抗什麼嗎？我又理解自己多少呢？

後來，在門診偶爾也會遇到這樣的青少年和他們憂心忡忡的父母（多半是母親）。不穩定的情緒和人際關係，他們自己不知所措，父母親也不知所措。焦急的媽媽們經常問我：「到底該怎麼幫他？我看了好難過。」我回頭想想我自己，青春期的我，最需要的是什麼呢？陪伴、關心，大量的陪伴、發自內心的關心，還有願意聽我說話、聽得懂我說的話，然後，適時地給我一些引導，讓我在茫然中有一個前進的方向。如果這些是當時的我所需要的，應該也就會是他們需要的吧？

簡單一點說，就是「聆聽」和「陪伴」吧。不批判、不評論、不自以為是地給出所謂成熟的意見，打開耳朵，就只是聽聽孩子的心情，並在他們脆弱受傷或迷失路途的時候，溫柔地守護在他們身邊。說起來簡單，其實一點也不。媽媽的焦慮經常掩蓋了理性，但是，就相信孩子吧。他們比我們更了解，他們要面臨的挑戰是什麼，也往往比我們以為的還要成熟縝密。聆聽和陪伴，簡單，卻也不簡單，就如同家中不可或缺的日常料理——蛋炒飯。配料不用多，調味不用重，火候和翻炒方式決定了香味與口感。又簡單，又複雜。

咪豆票醫師悄悄話

你有多久沒好好聽孩子說話了呢？當你急忙地打斷孩子，用自己的觀點匆匆給出建議時，其實就已經關上了溝通的大門。即使孩子的做法幼稚，但那也許才是他們的世界運作的方式。很多時候，孩子需要的不是建議，只是理解。

材料

蝦仁 100 克、蛋 3 顆、洋蔥半顆、青蔥 2 支、隔夜白飯（生米的 1 杯量）、鹽與黑胡椒少許、油約 1.5 大匙

作法

①蝦仁以薑片、米酒、少許鹽先醃過。洋蔥切小丁，青蔥切成蔥花。

②蛋黃 2 顆拌入白飯中，其餘打散成蛋液備用。

③熱油鍋。下洋蔥爆炒出香氣。

④瀝乾蝦仁的醃料，將蝦仁下鍋炒至 6 ～ 7 分熟後，將洋蔥、蝦仁撥到鍋子周邊。

⑤再倒入少許油潤鍋，下蛋液，待呈半凝固狀態時將蛋炒散，與洋蔥、蝦仁拌炒後，一樣撥至鍋邊。

⑥再倒入 1 大匙油，將裹好蛋液的白飯倒入鋪平。先不急著翻炒，待白飯香氣出來後，再將白飯翻面，一樣讓白飯貼著熱鍋煎香。

⑦將鍋裡所有材料拌炒均勻，放入鹽、黑胡椒調味，再放入青蔥炒過即完成。

簡單，卻也不簡單——蛋炒飯

炒飯是一道很家常的料理，用料隨性，豐儉由人；但即使材料簡單、作法也不繁雜，要炒出一盤乾鬆香的炒飯，也是有一些訣竅需要掌握。

隔夜飯

選用隔夜飯是最好的，多餘的水分都已經蒸發掉，很容易做出乾鬆的炒飯。不過有時候臨時決定要做炒飯，或是時間太趕，甚至忘記準備隔夜飯，用馬上煮好的飯也沒問題，只要記得，煮飯的水要少放一點，大概平常水量的零點九倍。飯煮好之後，也要馬上用飯匙撥鬆，再用風扇吹一下，讓水氣散掉，這樣都有助於炒的時候不黏鍋！

一次不要炒太多

我用三十公分的平底鍋，一次只炒一杯米的飯量，最多則是一點二杯，這樣飯粒才有辦法都平均接觸鍋底受熱，也才能炒得漂亮。如果要炒的飯量比較多，我就會分兩次炒，時間真的省不得！

蛋黃很重要

一杯米我會用三顆蛋，其中兩顆蛋的蛋黃跟白飯拌勻，剩下的再打散成蛋液炒開，蛋黃的脂肪多，包裹住飯粒以後，有助於飯粒彼此之間不會黏成一團，比較好炒開來。在拌的時候，也可以同時把結成團的飯粒撥開，盡量讓飯粒都有沾到蛋黃。

選用水分含量少的食材

炒飯的材料單純就好，通常我只會用爆香料（洋蔥、蒜頭、蔥白等）、肉類（培根、香腸、醃過的肉片或蝦仁）、蛋和青蔥，不太使用會出水的蔬菜類食材。當然如果做的是番茄炒飯，番茄醬的水分多，就無法追求乾鬆感了。另外，如果要做菇菇炒飯，我會在一開始就先把菇類的水分都炒乾，再炒其他配料和飯，以免一邊炒，菇菇一邊出水。而泡菜炒飯，我會盡量瀝乾湯汁，只取用泡菜的部分，這樣可以避免過多的水分讓飯粒黏成一團。

鍋要熱，油要多

炒飯用的油沒辦法省。我的作法一開始先用少量油爆香、炒配料，要炒蛋時再下一點油，最後飯要下鍋前再下一次油，這樣才不會前面的食材都把油吃光光，最後要炒飯的時候反而油不夠、造成黏鍋。

撥飯不壓飯

飯下鍋後，如果看到結塊的飯粒，我會用鍋鏟的尖端去撥開。不要施力去壓，以免飯粒破碎，澱粉質都跑出來，又黏成一團。

醬油怎麼用

水分過多會造成飯粒黏鍋，醬油水分這麼多，但加了醬油的炒飯好好吃，該怎麼辦呢？這個問題很簡單，醬油別直接往飯的上面淋，要沿著鍋邊淋一圈，讓熱鍋把醬油的水分散掉，再炒進炒飯裡就好。這個作法還會多一個醬油的焦香味，值得試試！

芒果鮮奶油生日蛋糕

挫敗後的甜蜜撫慰

哎，這就是媽媽的人生啊，縱使再挫敗，也還是會被孩子撫慰，然後又能重新振作，擦乾眼淚、打起精神，再陪伴孩子一起緩步前進……

小子生日，老早就答應幫他做個芒果口味的蛋糕。蛋糕動工的那一天，諸事不順，小子本人為了一些無關緊要的小事——吃麵還是吃飯，可不可以玩某個玩具之類的——著著實實鬧了兩次脾氣。但答應他的蛋糕還是得完成，在抹鮮奶油的時候，一邊轉著蛋糕，一邊想到整天這些狀況，我的眼淚也都在打轉了……。

當媽媽真是我人生至今最大的考驗。小子出生就是個高需求寶寶，缺乏安全感、愛哭、敏感、睡眠不穩定，他出生後的第一年讓我好辛苦。好不容易過了高需求寶寶這個關卡，小子慢慢長大，慢慢聽得懂人話，生活稍微平靜了一小段時間；現在卻又進入了另一個關卡。

面對他的固執、反抗、胡鬧，以致於我常常處在理智斷線邊緣，卻還得時時提醒自己溫柔堅定、保持耐性，但媽媽的生活不是只有小子，媽媽也有因為工作或雜事而感覺疲累的時候。而疲累會消磨掉耐心，除了不斷地自我修練以外，還能怎麼辦呢？

成為「夠好」的母親

做蛋糕是為了慶祝小子的四歲生日。他滿四歲，就代表我已經過了充滿挫敗感的四年了。即使我很清楚地知道，也一直反覆告訴自己，我不需要是一個「完美」的母親，我只需要當一個「夠好」的母親，但挫敗的時候還是會忍不住自問，到底夠好的標準在哪裡呢？在他嬰兒時期，我可以只照顧好他的三餐作息和注意身體狀況，但四歲的小子，我該給他的，並不只是這些生活基本需求。教導他團體生活的規矩、禮貌，還有開啟他對世界的認識和好奇等等，我真的做得夠好嗎？

我一直堅持著，不用威脅、體罰、恐嚇孩子的方式去教小子。雖然這些方法又快又有效，孩子會因為懼怕，而馬上改正錯誤行為，但在行為改正的背後，孩子真正學習到的又會是什麼呢？是憤怒可以解決事情？是服從權威者？我是小孩我不能發脾氣，你是大人所以你就可以？這些並不是我想教給他的態度。

陷入自責與懷疑

於是我一直在跟小子拉扯著。在能讓他選擇的時候，盡量讓他自己做決定而不是命令他，比如說，他想穿哪一套衣服與鞋子出門、他想在晚飯後一起玩什麼遊戲、他想要先刷牙還是先講睡前故事。我希望能讓他覺得自己是有主導權的，以減少事後的反悔吵鬧。

我也會在他鬧脾氣後，跟他討論他的生氣哭哭不開心，跟他一起找出讓心情變好的方法（他喜歡抱抱、畫畫或吃一小塊巧克力）；或是在他打人、破壞玩具之後，試著問他：「如果是你，你喜歡被這樣對待嗎？你喜歡跟這樣愛生氣的小朋友一起玩玩具嗎？」

冷靜下來的小子，是個邏輯清楚、能溝通的孩子。所以雖然耗費時間，我還是希望他了解這些情緒是什麼？該怎麼辦？我們緩慢地進展著，一點點地改變著，但偶然的突發狀況還是會讓一切又回到原點。我很難不在意這些大小事件帶來的挫折感，好像努力並沒有辦法帶來必然的成果。我也會陷入自責和懷疑，到底我做的是教養還是寵溺呢？我也在跟自己的焦慮拉扯著。

陪伴著緩緩前進

藍佩嘉教授的著作《拚教養》裡面有這樣一段文字：「照護孩子的過程如鏡，映現父母內心裡脆弱的小孩，或內省自我的執著與遺憾，或與原生家庭嘗試和解」，「父母會把自己的生命經驗當成對象來看待與反省，從而定位自己的教養態度與實作」。我無法否認我對我自己的成長過程有缺憾，但也許是我太過期待小子將來能長成跟我不一樣的，宏觀大方、內心溫柔的大人，所以當他任性又以自我為中心，與我的期待背道而馳的時候，我內心的焦慮就會萌芽攀生，覆蓋了理智。其實想想，他就只是個四歲孩子，他還需要很多的引導，他還有強韌的可塑性，而且，他也還有我一直陪伴在他的身邊啊！

所幸這次小子的胡鬧沒有延續到隔天的慶生會。芒果蛋糕端上桌，他興奮地在餐椅上坐不住，用超大音量唱了生日快樂歌，要求吹蠟燭吹了一百次，把盤子裡的鮮奶油全部舔光光，還用甜甜軟軟的聲音說：「媽媽做的蛋糕好好吃。」

哎，這就是媽媽的人生啊，縱使再挫敗，也還是會被孩子撫慰，然後又能重新振作，擦乾眼淚、打起精神，再陪伴孩子一起緩步前進。

咪豆栗醫師悄悄話

我們對孩子的期待，究竟是為了補足自己內心的缺憾，還是順應孩子的天性？這兩者，有時候難以區分。只是我們的期待，不該是扭曲或壓抑了孩子的發展。不要用我們的眼光，限制了孩子的世界的無限可能！

Eva Eland
WHEN SADNESS IS AT YOUR DOOR

③全蛋 2 顆打入鋼盆，再加入砂糖攪拌均勻。將整個鋼盆放到②的熱水上（不直接接觸液面），把蛋液加熱至 40 度左右（手指放入測試感到微溫）。如果操作的時候天氣炎熱，加熱完成就可以將鋼盆離開熱水鍋，如果氣溫偏低，建議將鋼盆繼續置於熱水鍋上操作下列作法。

④打蛋器開高速打發蛋液。要判斷打發程度，可以舉起打蛋器讓蛋糊落下，打發程度夠的話，打蛋器上的蛋糊落下時不會馬上沉落至蛋液中，可以摺疊成緞帶狀。

⑤將過篩過的麵粉拌入④中，攪拌均勻至無粉末顆粒。

⑥將溶化的奶油鮮奶倒入⑤，仔細攪拌均勻。

⑦將⑥倒入蛋糕模，放進預熱好的烤箱烘烤約 25 分鐘，完成後取出脫模放涼。

⑧將放涼的蛋糕，橫切均分成 3 等分，並在切面上均勻塗刷上君度橙酒糖水，保持蛋糕的濕潤度。

製作香緹鮮奶油：

①將香緹鮮奶油的材料全部放入鋼盆內，以高速打發至鮮奶油呈現堅挺狀。

組合蛋糕：

①依「海綿蛋糕→香緹鮮奶油→夾層水果→香緹鮮奶油」的順序一層一層疊上去，再將鮮奶油於蛋糕頂部、側邊做最後裝飾即完成。

②最後可再用芒果丁、奇異果丁、薄荷葉、藍莓等在蛋糕頂部做裝飾。

芒果鮮奶油蛋糕

材料

A 夾層水果

芒果適量、奇異果適量、砂糖50克、開水100毫升、蘭姆酒1小匙、迷迭香1枝、薄荷葉數片

B 海綿蛋糕體（6吋模）

全蛋2顆、砂糖60克、低筋麵粉60克、無鹽奶油20克、牛奶1大匙

C 酒糖水

開水50毫升、砂糖30克、君度橙酒1大匙

D 香緹鮮奶油

鮮奶油300毫升（乳脂肪含量至少35%）、砂糖30克、柑橘果汁1大匙

作法

準備夾層水果：

①芒果、奇異果切成5公釐片狀。

②將砂糖溶於開水中，可加熱幫助溶解；待溫度放涼後，再放入蘭姆酒、迷迭香及薄荷葉，最後將芒果片、奇異果片浸置其中放過夜。

烤蛋糕體：

①事前準備：全蛋放至室溫退冰。蛋糕模墊烤盤紙。麵粉過篩2次備用。無鹽奶油混合牛奶，用微波爐加熱至溶化。烤箱預熱至170度。

②燒一鍋水至冒煙程度後離火。

海鮮粥

滿滿一碗的勇氣

你討厭自己的猶豫不決，那你喜歡自己的細心謹慎嗎？你無法忍受自己的內向懦弱，那你喜歡自己的善解人意嗎？當你試著從其他角度去審視自己時，你會看到自己身上有好多可愛的特質一直被忽略……

我家那隻小子，個性很謹慎小心，換句話說，就是膽子有點小。他怕突然出現的大聲響，也怕路上飛快經過的汽車；他怕巨大的恐龍骨頭標本，也怕公園裡沒有綁繩的大狗；他怕黑，帶他去看螢火蟲，他完全無視夢幻的小光點，只一直攀在我們身上不肯下來。每次到了陌生的環境，他總要觀察再觀察，確認環境安全，他熟悉了，才敢放膽去玩。

雖然偶爾覺得有一點困擾，畢竟身上很常掛著一隻十幾公斤重的小獸，但我並不在意這件事。我從來沒有對小子說過「勇敢一點」、「不要這麼膽小」、「不要躲在媽媽旁邊」，或像「你是男生」這樣的話。我會陪著他去認識新環境、新朋友，當他抗拒的時候不勉強他，在他害怕、撲過來討抱抱的時候，也會馬上給他一個大大的擁抱。

發現自我特質

我們的社會傾向將「大方」、「勇敢」這些特質視為正面，而「膽小」、「內向」視為負面。當孩子表現出負面特質時，容易受到指責，也會被期待改變。但不管是膽小害羞，或是大方活潑，都只是我們個性上的某些面向，並無好壞優劣之分，而且，不管是怎樣的個性，也總會有它正反面的影響。小子雖然膽小，不過他同時也很謹慎，跟他說過要小心剪刀、小心拿取玻璃容器，他就會記得這些提醒，避免去弄傷他自己，讓媽媽的擔心減輕了不少。

你也有發現自己個性上的正反面嗎？也許你單純善良，溫和好相處，但你也可能很難拒絕別人，而將過多無關的責任扛到自己身上。也許你是一個自我要求高的完美主義者，不管工作或家庭，總是希望自己能兼顧所有細節，表現得面面俱到，但你也可能因為行事缺乏彈性，在人際關係上容易產生爭執磨擦。擁有自信很好，但過度的自信卻會蒙蔽了你，讓你高估自己的能力，也因此容易忽略事情的全貌與真相，而外向活潑，在不適宜的時候表現出來，也可能會讓人覺得你體貼不足。

認識接納自己

人的個性是多元的，不存在極端的黑暗，也不存在絕對的完美。你以為的善，並不完全是善；你以為的惡，其中也可能存在善的成分。你討厭自己的猶豫不決，那你喜歡自己的細心謹慎嗎？你無法忍受自己的內向懦弱，那你喜歡自己的善解人意嗎？當你試著從其他角度去審視自己時，你會看到自己身上有好多可愛的特質一直被忽略！

大人們經常都已經被社會馴化，接受了一些集體的價值觀，也很自然地將這些想法傳遞給下一代。但與其將大人世界的遊戲規則強塞給孩子，我想更重要的是，能去了解每個孩子的特質，並在孩子成長的路上給予引導，讓他也能認識並接納自己，不會因為自己擁有這些所謂的負面特質而感到困惑迷惘，進而討厭並否定自己。所以小子知道自己膽子小，但他也知道他可以放心表現膽小的一面。他能在我們的陪伴鼓勵下，嘗試一些原本會害怕的新事物，當他接觸的次數多了，他會知道原來這些並不可怕，甚至是有趣的，他也就不會再抗拒。

就像小子怕海浪，一開始去海邊的時候，他跟無尾熊一樣，緊緊攀在我們身上，一直嚷嚷要回家，但慢慢地，他敢將小腳泡進水裡，或用手打打水。我們也不勉強他，就讓他依著自己的步調去探索。終於在他四歲生日不久後的一天，他自己放開了手、勇敢踩進了海浪，甚至最後還玩得不肯離開。他又多克服了一樣恐懼，真是好勇敢的小子！所以這一天，為了慶祝小子突破了自己，我煮了一碗海鮮料滿滿的海鮮粥給他。希望他也能繼續勇氣滿滿地長大！

咪豆票醫師悄悄話

每個孩子，都有自己認識世界的方式和步調，成長的方式不是只有單一種。他們眼中的世界，和對許多風景已經習以為常的我們是不同的。蹲低姿態陪伴孩子、聽聽孩子的聲音，也許我們也會看到一個全新的風景。

⑤放入高麗菜稍微炒軟，再放入筍絲翻炒。

⑥放入 1 大匙米酒翻炒，再放入柴魚高湯及②蝦高湯，煮滾後蓋鍋煮至高麗菜熟軟。

⑦放入③蔥頭酥、蚵仔，及④小卷蝦仁，再放入薑絲，把海鮮料煮熟。

⑧放入白飯，拌煮至濃稠狀後以鹽調味，再灑上蔥花即完成。

Tips

- 海鮮分段煮，可以避免肉質過老。
- 可以用麻油取代一部分的炒菜油，增加香氣。

材料

紅蔥頭 5 瓣、蔥 2 支、嫩薑 1 段（3 公分長）、海鮮料隨意（此選用：蚵仔 1 盒、白蝦 12 隻、小卷 3 隻）、水煮筍 1 支、高麗菜 5 葉、柴魚高湯 400 毫升、開水 200 毫升、米酒 2 大匙、鹽適量、米 1 杯

作法

①紅蔥頭切薄片，蔥切成蔥花，蔥白跟蔥綠分開放。薑切細絲，小卷切圈狀。白蝦剝掉蝦殼、去泥腸，蝦頭留下備用。蚵仔用水洗過去掉髒污。水煮筍切絲。高麗菜撕成大片。白米煮成熟飯。

②取小湯鍋，熱油後放入蝦頭，先把蝦頭炒香，倒入 1 大匙米酒，再放入開水，蓋鍋悶煮約 10 分鐘，將蝦頭取出丟棄即成蝦高湯。

③取深湯鍋，熱油後放入紅蔥頭片，翻炒至焦酥。先把爆香過的蔥頭酥取出備用。

④同上之深鍋，爆香蔥白後，放入蝦仁、小卷，炒至約 6 ～ 7 分熟後取出備用。

油漬蔬菜

猶如書本的營養多變

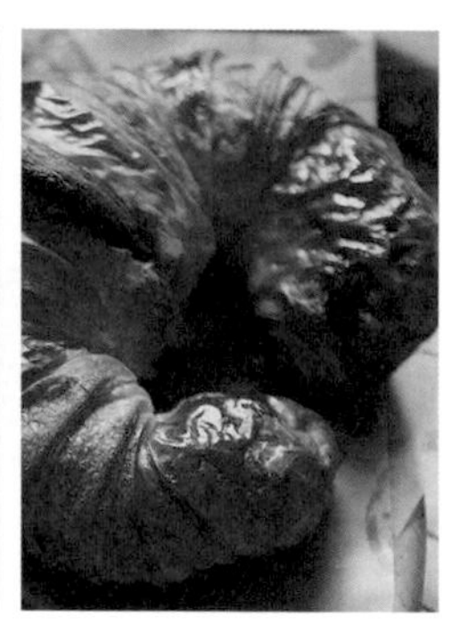

不管是品格培養、邏輯思考或是語文理解，對我來說，這些是閱讀的附加價值。閱讀於我最重要的意義是，透過一本又一本書的積累，我能夠形塑出自己的人生觀和價值判斷……

有了小子之後，經常逛一些育兒相關的網頁、討論區，發現了一件有趣的事。許多現代父母，都對「親子共讀」這件事有很大的焦慮。但細究這些焦慮來源，會發現大部分的父母，對共讀的期待多半帶有功利性的目的。可能希望閱讀可以培養品格、增加文字理解能力、訓練邏輯思考等等，大家都在問：從幾歲開始？怎麼進行？該買哪些繪本？雖然培養閱讀能力的確能帶來那些目的，卻很少看到有人說，其實閱讀本身就是一件很快樂的事。

我自認是個愛看書的人，不用伴著小子睡覺的夜晚，我經常靠著枕頭讀書到睡著。外出時，我會在包包裡準備一本書，不管是要打發時間，或是想一個人安靜一下，書就成了我最貼心的避風港。我閱讀的內容以純文學類的小說為主，台灣、中國、日本作家為最大宗，因為工作需要，也會讀一些心理學相關書籍。

遇見愛書的契機

如果問我，難道我從小，就跟我父母一起讀著繪本長大嗎？不，這個答案是否定的。那個年代的父母，並不時興親子共讀。但我的童年記憶，倒是經常跟書有關，包括家裡自營的小書局架上的三毛、《西遊記》，不管看幾遍都看不膩。去百貨公司逛街的時候，父母也會把我們姊弟留在童書區，等待他們採購完畢。如果看到喜歡的書，他們也很大方地結帳讓我們帶回家收藏。老家裡那一大疊聯經、九歌兒童文庫，通常都是這樣來的。等到我年紀再大一些，學校的圖書館成了我尋寶的所在。因為升學壓力，國中的時候已經鮮少有人閱讀課外讀物，但我的借書卡還是一張換過一張，張曼娟、瓊瑤、金庸的作品，都是在圖書館完食的。

我想是因為故事很有趣，我就一本一本地讀下去了吧！閱讀其實無需焦慮，每個人都有自己的步調，只要遇到喜歡的作家或書，自然引人入勝。即使覺得艱澀難懂，暫停一下也無妨，也許會遇到重新再打開書的契機。

體會閱讀的價值

我很喜歡的詹宏志先生，曾經在文章裡這樣説過：「讀書不一定讓我變得更好，但起碼讓我在了解事情時多一個角度。我們的一生就是這麼侷限，但讀書會使有限經驗擴散出來，別人的經驗嫁接在我身上，如果嫁接了一百本書，我就有一百個人生，嫁接一千本書，我就是一千個人生。天底下沒有比這個更划算的事了。」

不管是品格培養、邏輯思考或是語文理解，對我來說，這些是閱讀的附加價值。閱讀於我最重要的意義是，透過一本又一本書的積累，我能夠形塑出自己的人生觀和價值判斷。書提供了我在家庭、學校以外另一個獲得知識的管道，開展了我對人、對世界的認識。這些道理我在閱讀的當下並沒有特別發現，是到現在才慢慢有所體悟，也更感謝這些年，書本帶給我陪伴和成長。因此，我帶著以引起孩子興趣為主的心情挑選給小子的繪本，我不需要他從書裡學到怎麼上廁所、怎麼打招呼、怎麼幫助朋友、怎麼克服膽小，我只希望他能發現，書裡有一個好大好新奇的世界，遠比爸爸媽媽能給他的多更多。

而開始烹飪以後，書也是我精進技術、認識各國料理的重要媒介。就像「常備菜」這個概念，在很多日式料理的食譜經常看到，可以讓準備料理變得省時方便。我最常做的常備菜是油漬蔬菜。調味簡單，保留了蔬菜的甜度，卻能更豐富餐點的美好和營養。就像書本豐富了我的心靈和生命一樣。

我就這樣讀著書、做著菜，最後自己竟然也寫了一本。我想這一切，都是書本帶給我的奇幻旅程。

咪豆栗醫師悄悄話

如果父母重視閱讀的形式勝於品質，只強調親子共讀，卻沒辦法引出孩子對讀書的興趣，那再多的繪本和故事書，也會在某個時間點自然停下，很難讓閱讀習慣持續。只要閱讀的當下是快樂、滿足的，何需在意這本書有沒有帶來什麼嚴肅正面的教育意義呢？

材料

櫛瓜、蘆荀、紅黃椒、菇類適量（偏硬的蔬菜較適合拿來油漬）、鹽與黑胡椒適量、蒜頭 2 顆、初榨橄欖油適量、香草適量、黃檸檬薄片 1 ～ 2 片

作法

①蔬菜洗淨後，切成稍微有點厚度（約 1 公分）的片狀或條狀，這樣後續在煎炒、浸漬時才不會太軟爛。

②以煎鍋將蔬菜煎熟上色後，以鹽、黑胡椒調味。煎蔬菜的同時可以放 2 顆蒜頭進去一起煎，增加香氣。

③將煎熟的蔬菜放進平底保鮮盒中，盡量平放，不要堆疊。

④倒入初搾橄欖油蓋過蔬菜，再放入喜歡的香草（我通常放迷迭香或百里香）、煎過的蒜頭和黃檸檬薄片。

⑤大約浸漬 1 ～ 2 個小時後即可食用。

Tips

- 油漬蔬菜可以做為常備食，冷藏放一個禮拜也沒問題，先做好備著隨時都能取用。搭配早餐麵包、義大利麵都很適合，可以讓料理外觀和口味都更豐富。

療癒食光

咪豆栗的日常茶飯事

作　　者　咪豆栗
編　　輯　黃勻薔
校　　對　黃勻薔、咪豆栗
美術設計　劉錦堂

發 行 人　程顯灝
總 編 輯　呂增娣
主　　編　徐詩淵
編　　輯　吳雅芳、黃勻薔
　　　　　簡語謙
美術主編　劉錦堂
美術編輯　吳靖玟、劉庭安
行銷總監　呂增慧
資深行銷　吳孟蓉
行銷企劃　羅詠馨

發 行 部　侯莉莉
財 務 部　許麗娟、陳美齡
印　　務　許丁財

出 版 者　四塊玉文創有限公司

總 代 理　三友圖書有限公司
地　　址　106台北市安和路二段二一三號四樓
電　　話　(02) 2377-4155
傳　　真　(02) 2377-4355
E-mail　service@sanyau.com.tw
郵政劃撥　05844889 三友圖書有限公司

總 經 銷　大和書報圖書股份有限公司
地　　址　新北市新莊區五工五路2號
電　　話　(02) 8990-2588
傳　　真　(02) 2299-7900

製版印刷　卡樂彩色製版印刷有限公司

初　　版　二〇二〇年一月
定　　價　新台幣三八〇元
ISBN　978-986-5510-01-5（平裝）

國家圖書館出版品預行編目(CIP)資料

療癒食光：咪豆栗的日常茶飯事 / 咪豆栗作. --
初版. -- 臺北市：四塊玉文創, 2020.01
　面；　公分
ISBN 978-986-5510-01-5(平裝)

1.飲食 2.食譜 3.文集
427.07　　　　　108020919

美好食光

雅蘭的幸福廚房：跟著人妻教主一起用料理寵愛家人

作者：曾雅蘭

定價：380元

老是覺得做菜很難，進廚房像打仗嗎？跟著曾雅蘭學做菜，肯定讓你的料理經驗耳目一新。小細節同時成就了口感與視覺，影響口感的細微之處，已有數十年做菜經驗的曾雅蘭，不藏私完全分享。

日本鐵路便當學問大：便當裡的故事

作者：朱尚懌（Sunny）

定價：350元

深入介紹80種日本鐵道便當，從每站特有的名產便當，知名品種的和牛、海鮮，還有區域限定便當，最經典的壽司、仿景便當，以及許多具有紀念價值的便當容器設計，讓你不僅吃得滿足，還能深入了解日本鐵道便當的歷史故事。

田野裡的生活家：12位在地小農的種植故事╳43道美味食譜提案

作者：史法蘭

定價：380元

本書使用友善耕作的食材，煮出富有靈魂的創意料理，吃得到食材原味，讓身心回歸初衷、回歸自然。好好料理，好好品嘗，就是對台灣農業最好的回報。希望你也可以在這本書裡，看見一片最樸實美好的田野風景。

日本文豪的餐桌時光：談料理、品清酒、喝咖啡，一場跨時空的文豪饗宴(套書)

作者：北大路魯山人, 太宰治等

定價：628元

收錄多位日本文豪的飲食散文、小說，展現滿溢的香氣與才氣，與你一起體驗療癒暖心的美食饗宴。從餐桌美食深入生活，以隨筆、短篇散文與小說等多層次的文章形式，展現對料理與生命的熱情。

幸福陪伴

慢慢來，我等你：等待是最溫柔的對待，一場用生命守候的教育旅程

作者：余懷瑾

定價：320元

一位家有身心障礙孩子的媽媽一位願意付出努力帶頭做，引導班上孩子學習如何面對班上有身心障礙者的同學的老師。仙女老師的一句話：慢慢來，我等你，療癒了自己、孩子、學生；這句話，也將療癒你和我。

與孩子，談心：26堂與孩子的溝通課

作者：邱淳孝

定價：350元

有人生來就會當父母，想要了解孩子，就必須重新認識自己。讓我們一起重回孩提時代，找回愛的能力，身為父母不再只是一種責任，更是一種享受，享受與孩子攜手共度的每一步旅程……

青少年的情緒風暴：孩子，你的情緒我讀懂了

作者：莫茲婷

定價：320元

其實，孩子變得暴躁，可能是心裡充滿悲傷或恐懼，心理期盼的是有人可以來拯救他，為他梳理心裡的糾結。面對青少年，爸媽也該開始學習，如何了解孩子情緒背後真正想說的話。本書獻給所有父母，讓你帶著愛與方法，陪伴孩子跨越情緒、心理、學習與成長的關卡。

不只是陪伴：永齡・鴻海台灣希望小學與孩子們的生命故事

作者：永齡・鴻海台灣希望小學專職團隊作者群

定價：360元

30則動人生命故事，讓你看見孩子的努力與轉變。在學校的團體生活中，被排擠的一群孩子，他們有時候甚至不知道自己哪裡不對。永齡看見每個孩子的不同，用陪伴、理解與包容，為每個孩子想方設法，讓每個孩子，都能展現自己的優勢，有自信地繼續長大。

地址： 縣/市 鄉/鎮/市/區 路/街

段 巷 弄 號 樓

廣 告 回 函
台北郵局登記證
台北廣字第2780 號

三友圖書有限公司 收

SANYAU PUBLISHING CO., LTD.

106 台北市安和路2段213號4樓

「填妥本回函，寄回本社」，

即可免費獲得好好刊。

\ 粉絲招募歡迎加入 /

臉書／痞客邦搜尋

「四塊玉文創／橘子文化／食為天文創

三友圖書——微胖男女編輯社」

加入將優先得到出版社提供的相關

優惠、新書活動等好康訊息。

四塊玉文創×橘子文化×食為天文創×旗林文化

http://www.ju-zi.com.tw

https://www.facebook.com/comehomelife

親愛的讀者：

感謝您購買《療癒食光：咪豆栗的日常茶飯事》一書，為感謝您對本書的支持與愛護，只要填妥本回函，並寄回本社，即可成為三友圖書會員，將定期提供新書資訊及各種優惠給您。

姓名 ______________________ 出生年月日 ______________________

電話 ______________________ E-mail ______________________

通訊地址 ______________________

臉書帳號 ______________________

部落格名稱 ______________________

1 年齡

□ 18 歲以下　□ 19 歲～ 25 歲　□ 26 歲～ 35 歲　□ 36 歲～ 45 歲　□ 46 歲～ 55 歲
□ 56 歲～ 65 歲　□ 66 歲～ 75 歲　□ 76 歲～ 85 歲　□ 86 歲以上

2 職業

□軍公教　□工　□商　□自由業　□服務業　□農林漁牧業　□家管　□學生
□其他 ______________________

3 您從何處購得本書？

□博客來　□金石堂網書　□讀冊　□誠品網書　□其他 ______________________
□實體書店 ______________________

4 您從何處得知本書？

□博客來　□金石堂網書　□讀冊　□誠品網書　□其他 ______________________
□實體書店 ______________ □ FB（四塊玉文創／橘子文化／食為天文創 三友圖書 —— 微胖男女編輯社）
□好好刊（雙月刊）　□朋友推薦　□廣播媒體

5 您購買本書的因素有哪些？（可複選）

□作者　□內容　□圖片　□版面編排　□其他 ______________________

6 您覺得本書的封面設計如何？

□非常滿意　□滿意　□普通　□很差　□其他 ______________________

7 非常感謝您購買此書，您還對哪些主題有興趣？（可複選）

□中西食譜　□點心烘焙　□飲品類　□旅遊　□養生保健　□瘦身美妝　□手作　□寵物
□商業理財　□心靈療癒　□小說　□其他 ______________________

8 您每個月的購書預算為多少金額？

□ 1,000 元以下　□ 1,001 ～ 2,000 元　□ 2,001 ～ 3,000 元　□ 3,001 ～ 4,000 元
□ 4,001 ～ 5,000 元　□ 5,001 元以上

9 若出版的書籍搭配贈品活動，您比較喜歡哪一類型的贈品？（可選 2 種）

□食品調味類　□鍋具類　□家電用品類　□書籍類　□生活用品類　□ DIY 手作類
□交通票券類　□展演活動票券類　□其他 ______________________

10 您認為本書尚需改進之處？以及對我們的意見？

____

感謝您的填寫，

您寶貴的建議是我們進步的動力！

【黏貼處】對折後寄回，謝謝。